양육, 학습, 입시를
꿰뚫는

자녀교육
절대공식

방종임 지음

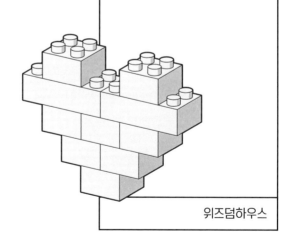

위즈덤하우스

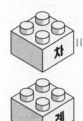

차례

STEP 1. 부모라면 이것부터 버리세요   이론 편

CHAPTER 1.   걱정   부모의 걱정이 아이를 망친다

STEP 3. 대가들이 입증한 효과적인 공부법 `적용 편`

공부의 본질에 관한 전문가 5인 인터뷰

추천의 글

김찬모(영훈국제중 교장)
_____

30년 넘는 교직 생활 동안 수많은 제자를 만나온 내게도, 방종임 편집장은 특별히 애틋한 감정이 드는 제자다. 지금은 공교육과 사교육을 넘나드는 교육 전문 기자이자 유튜버로 많은 교육 정보를 다루고 있지만, 학창 시절에는 가정 형편이 어려워 학원 한 번 다니지 못해 안쓰럽게 느껴졌던 기억이 아직도 생생하다.

졸업 후 간혹 그를 만날 때마다 특유의 회복탄력성과 열정을 가슴에 품고 치열하게 자신만의 길을 걸어가는 모습이 대견하고 자랑스러웠다. 그리고 반드시 자신의 꿈을 이룰 것이라는 확신이 들었다.

이제는 우리나라를 대표하는 교육 전문가로 당당하게 자리매김한 그를 응원한다. 그의 뜨거운 열정과 교육에 관한 특별한 인사이트가 잘 담긴 책으로, 독자들에게 분명 큰 교훈과 지혜를 줄 것이라고 생각한다.

노규식(두뇌교육 전문가, 노규식공부두뇌연구원장)

부모와의 불편해진 관계가 아이의 두뇌 성장을 저해하는 경우가 많다는 결과가 연구를 통해 입증되었다. 아이의 지속적인 성장을 위해 부모는 그 무엇보다도 자녀의 마음을 얻는 데 집중해야 한다. 「교육대기자TV」 방종임 편집장만의 전문성과 통찰이 담긴 책으로, 진정 아이를 위한 교육이 무엇인지 돌아보게 할 것이다.

윤대현(서울대 정신건강의학과 교수)

교육에 관한 정보를 아는 것도 중요하지만, 내 아이를 잘 파악하고 자기만의 교육관을 만들어가는 노력이 중요하다. 이 책은 교육에 대해 그 누구도 아닌, 부모 자신의 분명한 인사이트를 만들도록 도와준다. 아이의 양육에 고민이 많은 부모에게 명확한 원칙을 제시해주는 책이 될 것이라 확신한다.

천근아(연세대 세브란스병원 소아정신과 교수)

교육 분야에서 내가 가장 신뢰하는 언론인이자 유튜버인 방종임 편집장의 신간이 무척 반갑다. 부모라면 누구나 아이의 삶을 완벽하게 채워줄 수 있기를 바란다. 하지만 세상에 완벽한 부모는 없다. 그것을 인정하는 것만으로도 아이 양육과 관련된 수많은 고민들이 해결되기도 한다. 이 책이 아이에게 더 많은 것을 해주지 못한다는 죄책감으로 얼룩진 부모의 마음에 한 줄기 빛이 되어줄 것으로 기대한다.

황농문(서울대 재료공학부 교수)

수많은 교육 전문가와의 인터뷰를 바탕으로 얻어진 저자의 메시지는 간결하고 명료하다. 아이를 키울 때 부모는 조급한 마음을 가져서는 안 된다. 아이를 염려하는 마음, 아이에게 잘해주고 싶은 마음이 오히려 '과유불급'이 될 가능성도 높다. 부모의 불안으로 인해 아이를 의심하는 순간, 아이와의 관계는 악화될 것이다. 책 내용처럼 부모의 걱정과 강박에서 벗어나 아이에게 확고한 믿음을 심어준다면, 아이가 스스로를 믿고 성장하는 데 큰 힘이 될 것이다.

걱정 없이, 후회 없이
아이를 키울 수 있을까

뜨겁게 사랑할 시간,
첫째는 10년, 둘째는 15년

우리 집에는 집 안 곳곳에 메모지가 붙어 있습니다.

'뜨겁게 사랑할 시간, 첫째는 10년, 둘째는 15년.'

특히 제가 자주 활동하는 거실, 싱크대, 화장대에는 더욱 눈에 띄게 붙여놓았죠. 지금 열 살인 첫째, 다섯 살인 둘째가 성인이 되기까지 남은 시간을 표시한 것입니다. 매년 1월 1일이 되면 저는 떡국을 먹기 전에 숫자를 하나씩 줄여서 똑같은 문구를 적은 메모지를 붙이는 것으로 새해를 맞이합니다.

이처럼 숫자를 상기하는 이유는 두 가지입니다. 아이를 낳아 키우다 보면 나의 일부처럼 느껴질 때가 있습니다. 나를 꼭 닮은 분신 같기도 하죠. 그러면 자연스럽게 내가 원하는 대로 아이가 따라오는 것이 당연하다는 욕심이 생기기 쉽습니다. 매해 이런 문구를 집 안 곳곳에 붙여놓는 것은 바로 이런 욕심이 생기는 것을 경계하고 아이는 내가 돌봐야 할 존재, 사랑해야 할 존재라는 것을 되새기고 기억하기 위해서입니다. 두 번째, 아이는 언젠가 내 곁을 떠날 존재임을 잊지 않기 위해서입니다. 아이랑 온종일 하루 24시간 붙어서 부대끼다 보면 지금 이 시간이 앞으로도 마냥 이어질 거라고 착각하게 됩니다. 내 시선 안에서, 내 보호 안에서 계속 머물 거라고 생각하면 아이는 마냥 어리게만 보입니다. 때로는 힘들기만 한 시간이 계속 될 것 같아 넌덜이 나기도 하죠. 그러나 아이는 언젠가 성인이 될 것이고, 그러면 자연스럽게 부모의 품을 떠날 것입니다. 과거의 우리가 그랬듯 말이죠. 이것을 기억한다면 아이에게 좀 더 후회 없이 대할 수 있지 않을까요.

어쩌면 우리는 아이가 태어나는 순간부터 행복한 이별을 준비해야 하는 건지도 모릅니다. 하지만 그런 사실을 아이가 성인이 돼서야 깨닫는 경우가 많습니다. 그래서 많은 부모들이 아이가 좀 더 내 곁에 있었으면…… 아이가 어릴 때로 돌아간다면…… 이런 후회를 자주 합니다.

저는 두 아들을 대할 때마다 후회를 남기지 않으려 노력합니다. 하지만 아이 입장을 이해하지 못하고 왜곡하는 건 아닌지, 또는 부모 입장에서만 생각해서 오해하는 건 아닌지 곱씹고 반성할 때가 많습니다. 그래서 아이에게 자주 의견을 물어봅니다. "엄마가 그렇게 해서 네 기분은 어땠어?", "왜 엄마한테 그렇게 말한 거야?", "이건 어떻게 생각해?"라고 말이죠.

워킹맘이라면 공감하시겠지만, 평일에는 아이와 함께할 시간이 절대적으로 부족합니다. 저 역시 마찬가지입니다. 많아야 서너 시간 정도. 주말에 같이 있다고 하더라도 밀린 집안일과 남은 업무를 처리하다 보면 아이를 오롯이 보는 시간은 생각보다 적습니다. 그러다 보니 아이에게 후회를 남기지 않으려 더 애쓰고 노력하게 됩니다. 그렇다고 제가 워킹맘으로서 죄책감을 덜고자 아이한테 떡 하나 더 주는 셈으로 잘해준다는 의미는 아닙니다. 진심으로 아이를 위하고 싶은 마음에서 나오는 행동입니다.

물론 처음부터 이런 생각을 하고 아이를 대한 것은 아닙니다. 교육 전문 기자로 일하며 수많은 인터뷰를 통해 얻은 값진 교훈이 저를 바꿨습니다. 언론고시반에서 열심히 취업을 준비한 덕분에 대학을 졸업하자마자 회사에 입사했습니다. 취재를 하다 보니 입사한 지 몇 년 안 된 신입 시절부터 성공한 사람들을 참 많이 만날 수 있었습니다. 제가 만난 사람들은 대개 한 분야에서 성공한 리더인 40대가 많았습니다. 그런데 그들에게는 성공했다는 공통점 말고 한 가지 공통점이 더 있었습니다. 어떻게 성공했는지 묻는 질문에는 청산유수로 대답을 잘하다가도, 사담을 나누는 편한 자리에서는 아이들에 대한 고민을 늘어놓았던 것이죠. 아이들이 내 마음 같지 않다든가, 아이가 공부를 안 해서 걱정이라거나, 아이가 엇나가는 것 같아서 고민이라는 분들이 정말 많았습니다. 심지어 사춘기 아이가 말을 안 듣고 공부도 안 해서 말만 자식이지 내려놓았다고 표현하신 분도 있었습니다. 경제적으로 여유가 되는 분들은 유학을 보내고는 물리적 거리 때문에 거리감이 생긴 거라며 위안을 삼는 경우도 많았죠.

저는 궁금했습니다. 아이를 잘 키운다는 것이 도대체 얼마나 어려운 일이기에 저렇게 성공한 사람들이 하나같이 자식 앞에서 발을 동동 구르는지 말입니다. 그중에 한 분은 자신이 벌어놓은 돈, 자신의 성공과 바꿔도 좋으니 아이가 반항만 안 했으면 좋겠다고 하셨습니다. 사회적으로 성공한 분들도 쩔쩔매는 자녀교육에 대해 알아보고 싶었습니다. 자녀를 어떻게 교육시켜야 하는지, 부모는 어떻게 해야 하는지 정답을 찾고 싶다는 생각이 들었습니다.

이런 생각은 제가 아이를 낳으면서 좀 더 커졌습니다. 공부와 일에 쫓겨 살다가 30대 초반에 덜컥 엄마가 되자 앞으로 아이를 어떻게 키워야 할지 막막했습니다. 생각해보니 어떻게 해야 좋은 엄마가 되는지, 아이한테 어떻게 해줘야 하는지 제대로 배우거나 생각한 적이 없었기 때문입니다. 아이가 태어난 이후에 예상치 못한 행동을 할 때마다 막막함은 더 커졌습니다.

취재원을 만나 궁금한 것들을 마음껏 물어볼 수 있다는 저의 직업을 활용해보고자 마음먹었습니다. 그리고 열심히 실천했죠. 우리나라에서 손꼽히는 교육 전문가들을 한 분씩 만나 궁금한 것을 묻고 또 물었습니다.

자녀교육에는 분명한
방향성이 필요하다

한 분씩 뵐 때마다 머릿속 안개가 조금씩 걷히는 느낌을 받았습니다. 아이를 어떻게 키워야 하는지, 제가 놓친 게 무엇인지 조금씩 알 것 같았습니다. 물론 자녀교육에 딱 한 가지 정답이 존재하는 것은 아닙니다. 교육 전문가마다 생각의 차이도 있었습니다. 그러나 적어도 부모가 해야 할 것과 하지 말아야 할 것에는 공통된 의견이 있었습니다. 저는 그것을 보다 많은 분들과 공유하고 싶었습니다. 자녀교육 때문에 힘들어하는 부모를 주변에서 너무 많이 봤기 때문이죠. 저만 알아서는 안 된다고 생각했습니다. 그렇게 탄생한 것이 바로 교육 전문 유튜브 채널 「교육대기자TV」입니다.

「교육대기자TV」는 제게 큰 도전이었습니다. 16년간 교육 전문 기자로 일하면서 매일 기사를 쓰느라 텍스트에만 익숙했던 제게 카메라 앞에 얼굴을 드러낸다는 것은 분명 쉽지 않은 일이었죠. 영상 앞에 선다는 것은 저를 세상에 내보이겠다는 얘기였으니까요. 사실 사회적으로 어느 정도 자리를 잡은 저에게는 무모한 모험과도 같았습니다. 주변에서 말리는 이도 많았습니다. 솔직히 누군가 시켰다면 요리조리 빼면서 차일피일 미뤘을 겁니다.

그런데 만들고 싶었습니다. 아니, 만들어야 했습니다. 고백하자면 저는 사실 학창 시절에 교육 사각지대에 놓인 학생이었습니다. 가정 형편이 많이 어려웠거든요. 지금은 공교육과 사교육을 누비며 교육 정보를 누구보다 많이 알고 있지만 어렸을 때 저는 그 흔한 학원 하나 다니지 못했기에 제대로 된 교육 정보를 접할 기회가 없었습니다. 부모님은 먹고 살기 바빠 저희 남매를 먹이고 입히는 일 외에는 크게 신경 쓸 여유가 없으셨죠. 재수 끝에 어렵게 대학에 들어간 뒤에는 학비를 마련하느라 과외를 서너 개씩 하면서 20대 내내 자격지심과 열등감에 사로잡혀 있었습니다. 그런데 지금은 그때보다 훨씬 더 '부모의 부'가 '자녀의 교육 격차'로 직결되는 시대입니다. 저는 이걸 최대한 막고 싶었습니다. 이 땅에 교육 정보 때문에 힘들어하는 사람들이 더는 생기지 않도록 도와주고 싶었습니다.

제가 자진해서 만든 채널이기에 모든 것을 제가 다 책임져야 했습니다. 혹자는 회사에서 지원을 많이 해주는 채널이라고 오해를 하시는데, 전적으로 제가 책임감을 가지고 만드는 개인 채널입니다. 기획부터 섭외, 인터뷰 준비, 진행, 편집, 섬네일 제작, 업로드까지 총괄하고 있습니다. 「교육대기자TV」를 시작한 이래 다섯 시간 이상 잠을 잔 적이 없을 정도로 제 모든 에너지를 쏟아붓고 있습니다. 구독자분들께 늘 최고의 교육 정보를 나눠드리겠다는 목표를 위해 최선을 다하고 있습니다.

제가 교육 전문가들을 만나 인터뷰하는 방식으로 채널의 방향을 잡은 것은 구독자분들과 함께하기 위해서였습니다. 자녀교육에서 진정 중요한 것이 무엇인지 함께하는 여정으로 말이죠. 그리고 되도록 그 분야에서 성공한 최고의 교육 전문가를 엄선해서 초대했습니다. 그래야 구독자분들의 믿음이 강해질 것이라고 생각했습니다. 그리고 정말 많은 분들을 모셔서 교육에 관한 핵심적인 메시지를 들었습니다. 그분들은 제가 가졌던 궁금증에 조금씩 답을 해주기 시작했습니다. 그러다 보니 마치 한 조각씩 맞춰서 퍼즐을 완성하는 것처럼 제 생각도 틀을 잡아가기 시작했습니다.

자녀교육에 애쓰지 않는 부모는 아마 없을 것입니다. 그 어떤 일보다 자식 일이 1순위죠. 문제는 에너지나 노력이 아니라 '방향성'입니다. 올바른 방향으로 간다면 지금보다 에너지를 적게 들이고도 아이와 좀 더 원만한 관계를 가질 수 있습니다. 우리는 아이들을 어떻게 대해야 하는지 제대로 배운 적이 없습니다. 부모, 학교, 사회에서 이런 것들을 단 한 번도 제대로 배울 시간과 기회가 없었죠. 그리고 이전 세대와는 달라진 점도 상당히 많습니다. 부모의 양육 태도는 개인의 성격이나 주관적인 경험에 의해 좌우되기에 누구에게 물어본들 원하는 대답을 얻기 힘듭니다.

그래서 저는 이 책을 통해 수많은 교육 전문가를 만나 알게 된 자녀교육 원칙에 대해 세세하게 이야기해보고자 합니다. 각 분야의 전문가가 수많은 경험을 바탕으로 얻은 결론을 촘촘히 정리해드리겠습니다. 자, 이제 아이에 대한 판단, 자녀교육에 대한 생각을 모두 내려놓고 하나씩 새롭게 채운다는 생각으로 저의 글을 따라와주세요.

부모라면
이것부터
버리세요

부모의 걱정과 불안은 분명 경계해야 할 감정입니다.

자녀의 독립과 자립을 제대로 도와주지 못할 뿐만 아니라,

부모 스스로 자녀 양육의 기쁨을 오롯이 누리지 못하게 되니까요.

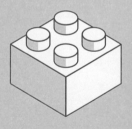

이론편

걱정

—

부모의 걱정이 아이를 망친다

01

부모가 걱정에 휩싸이면
생겨나는 일들

아이에게 충분히 다해주고도
걱정을 놓지 못하는 부모

"요즘 세상이 살기가 얼마나 힘든데, 어떻게 걱정을 안 해요?"

"아이가 하는 대로 그냥 놔두고 싶은데 어디 그럴 수 있나요? 다들 하는데 우리 애만 안 하면 안 되잖아요."

이 시대를 사는 엄마들은 늘 마음이 편치 않습니다. 임신했을 때는 '아이가 건강하지 않게 태어나면 어떡하지' 하는 걱정, 아이를 낳고서는 '제대로 성장발달을 하지 못할까' 싶은 걱정, 학교 가서는 '수업 내용을 따라가지 못할까' 하는 걱정, 대학 보내면 '취직 못 할까' 싶은 걱정이 큽니다. 그야말로 걱정과 근심이 끊이질 않습니다.

이런 걱정과 불안은 엄마인 나보다 아이가 더 잘 살기를 바라는 마음에서 비롯됩니다. 부모로서의 순수한 마음인 거죠. 내가 겪었던 시행착오를 아이는 겪지 않고 탄탄대로를 거쳐 성공가도를 달리길 바라는 마음, 이런 엄마의 마음인 것이죠. 이런 부모의 마음을 나무랄 사람은 아무도 없습니다. 하지만 부모가 하는 걱정을 근본적으로 다시 살펴볼 필요가 있습니다. 아이를 생각하면 가장 먼저 떠오르는 중요한 감정인 만큼 자세히 들여다보겠습니다.

부모가 자녀를 걱정하는 것은 당연한 일 아니냐고 할 수도 있습니다. 그러나 우리 부모님 세대를 한번 떠올려보세요. 그때는 지금보다 몇 배나 자녀가 많았습니다. 한 집에 자녀가 평균 네다섯 명 이상이었죠. 산술적으로 놓고 보면 그 시절이 지금보다 자녀에 대한 걱정과 고민이 더 많았어야 합니다.

하지만 예전에는 지금처럼 아이를 전전긍긍하면서 키우지 않았습니다. 그때의 부모님들은 분명히 지금과 같은 걱정을 하지 않았습니다. 그렇다고 부모님이 우리를 덜 사랑하셨을까요. 그렇게 느끼는 분들은 아마 없을 겁니다. 요즘 부모들의 자녀를 향한 걱정은 어느 순간 생긴 것이지, 자연스러운 감정이 절대 아니라는 이야기입니다.

육아서의 바이블로 불리는 『삐뽀삐뽀 119 소아과』의 하정훈 소아과 전문의는 요즘 엄마들의 육아를 보며 한탄합니다. 아이에게 맡겨도 충분히 되는 것을 한 발 앞서 미리 다 해주고도 걱정을 계속하니 부모 스스로 힘들어지는 것이라고 지적합니다. 부모의 입장이 아니라 모든 것을 아이 위주로 생각하다 보니 걱정과 근심에 휩싸인다고 말이죠.

아이가 학교에 갔을 때나 방과후 어느 곳에서든지 행복할 거라는 믿음 아래, 아이에 대해서 조바심을 내거나 걱정하지 않는 삶을 상상해본 적 있나요. 아이가 눈앞에 보이든 그렇지 않든 잘하겠거니 믿으면서 불안해하지 않는 그런 상황 말이죠. 많은 부모가 그런 삶이 과연 가능할까 의문을 품으실지도 모르겠습니다. 판타지에서나 일어날 법한 일이 아니냐고 말할 수도 있습니다. 그만큼 요즘 부모에게 자녀 걱정은 일반화돼 있습니다.

부모는 자녀에 대한 걱정과 불안을
반드시 경계해야 한다

아이를 떠올릴 때마다 어떤 생각이 가장 많이 드시나요? 아마도 많은 부모가 불안이나 걱정을 떠올리실 겁니다. 사랑스러운 모습이 떠올랐다가도 오늘 하루 별일 없이 잘 지냈을지 문득 걱정되곤 하죠. 부모는 아이가 오늘 학교에서 또는 학원에서 자기 몫을 잘해냈을지, 혼나지는 않았을지 걱정 또 걱정합니다. 이렇게 걱정을 많이 하다 보면 다른 감정이 싹틀 여유가 없습니다. 마음속에 내내 걱정을 품다가 하교한 아이를 붙잡고 오늘 무슨 나쁜 일은 없었는지부터 물어보기 바쁘죠.

그렇다면 어느 순간부터 '걱정'이 부모의 마음속에 콕 들어와 가장 강력한 곳에 자리를 잡은 것일까요. 일단 아이가 태어난 순간은 아닙니다. 아이가 태어난 순간을 종종 떠올리시나요? 그 순간, 아이가 세상에 나온 것만으로도 감격 그 자체였을 겁니다. 아이가 마냥 장하고 내 아이로 태어나준 것만으로도 고맙고 사랑스럽기 그지없죠. 맘마를 찾는 것, 응가를 싸는 것만으로도 고마울 따름입니다.

저 역시 그랬습니다. 출산 막달까지 회사에서 열심히 일하고 심지어 야근까지 하다가 집에 도착한 순간, 현관 앞에서 양수가 터져 첫아이를 출산했습니다. 위험천만한 상황을 겪다 보니 아이가 무사히 세상에 태어나준 것만으로도 고맙더군요. 제일병원 인큐베이터에 일주일간 있었는데, 그 당시에는 아이를 한 번 안아보는 것이 가장 큰 소원이었습니다. 마침내 인큐베이터에서 나온 아이를 처음으로 안았을 때는 세상을 다 가진 것 같았습니다. 그저 예뻤습니다. 사랑만 쏟아주기에도 시간이 아까울 따름이었죠. 우리 아이의 예쁜 모습을 놓칠세라 카메라 용량이 부족하거나 말거나 사진 찍기 바빴던 기억이 납니다.

아이가 어렸을 때는 또래와 있어도 우리 아이만 보입니다. 우리 아이가 제일 예쁘고, 우리 아이가 제일 크게 보입니다. 마치 이제 막 사랑을 시작한 연애 초기처럼, 세상에 상대방만 존재하는 것 같은 착각에 빠져 있을 때처럼요. 그런데 지금은 어떤가요. 우리 아이보다는 같이 있는 또래 아이가 더 크게 보이지 않나요? 또래 아이의 외모를 비롯해 그 아이가 공부를 잘하는지 아닌지가 크게 부각됩니다. 그리고 또래 아이와 비교해 우리 아이의 단점이 점점 크게 보이기 시작합니다. 그와 동시에 이런 생각이 스멀스멀 피어오르죠. 저 단점을 어떻게 고칠 수 있을까. 고치지 못하면 어떡하지.

그런데 문제는 이런 걱정을 시작하는 순간, 우리 아이의 타고난 성향이나 장점을 제대로 보지 못하게 될 가능성이 크다는 것입니다. 기준이 내 아이가 아니라 다른 아이가 되는 순간, 우리 아이는 수정할 점투성이로 변해버리기 때문이죠. 흰색 종이가 있다고 가정해볼게요. 여기에 작은 검은색 점 하나가 어느 순간 생겼다면, 우리는 어떤 반응을 보일까요. 그 점에만 신경을 씁니다. 그 점을 어떻게 지울 수 있을지가 지상 최대 과제가 되어버립니다. 검은색 점에 비해 흰색 바탕이 월등히 큰데도 말이죠.

걱정에 휩싸인 상태에선 중요한 결정을 내리면 안 됩니다. 시간이 촉박할 때는 쇼핑을 하지 말라는 게 정설입니다. 마음이 안정되지 않은 상태에서 물건을 살 경우 현명하지 못한 소비 선택을 하기 쉽기 때문이죠. 하물며 쇼핑도 그러한데 자녀의 인생에서 중요한 시기를 걱정을 가득 안은 채 함께한다면 제대로 된 결정을 내리기 어렵습니다. 과연 내가 부모로서 잘하고 있는 게 맞는지 끊임없이 의심하게 됩니다. 후회하지 않기 위해 전전긍긍하면서 아이를 바라보게 됩니다. 한번 먹은 불안한 마음은 다양한 걱정으로 가지치기를 해 나갑니다. 아이의 건강, 성격과 행동, 환경, 교우 관계, 진로 등 다 헤아릴 수 없을 정도죠.

교육 전문 기자로 일하면서 수없이 많은 교육 전문가를 만나고 인터뷰했습니다. 그때마다 저는 꼭 마지막 질문으로 '학부모를 위한 조언'을 들려달라고 합니다. 그러면 한결같이 '걱정하는 부모'에 대해 우려하는 메시지를 들려주십니다. 걱정이 앞서면 아이를 제대로 바라볼 수 없다는 것이죠. 한 유명 소아정신과 전문의는 요즘은 노이로제에 걸린 부모가 너무 많다는 표현까지 하셨어요. 또한 아이의 능력과 역량을 믿고 아이를 있는 그대로 사랑해줘야 아이가 잘 성장할 수 있다고 강조했습니다.

걱정과 불안은 분명 부모가 경계해야 할 감정입니다. 걱정과 불안으로 인해 부모가 해야 할 사명이자 가장 큰 책임인 자녀의 독립과 자립을 제대로 도와주지 못할 뿐만 아니라, 부모 스스로 자녀를 키우는 기쁨을 오롯이 누리지 못하게 되니까요.

그렇다면 우리는 왜 이토록 아이들을 걱정하게 됐을까요. 부모의 마음속에 불안이 자리하게 된 이유는 무엇인지 알아보겠습니다.

02

초등학교 입학 이후
시작되는 불안의 늪

주변 엄마의 정보에
흔들리는 블랙홀의 시기

아이가 학교에 들어간다는 것은 부모에게 '입학' 그 이상의 의미를 갖습니다. 가정이라는 울타리 안에 있던 아이를 사회라는 울타리로 내보내는 것이죠. 아이가 사회 생활을 시작한다는 큰 의미가 있어요. 하지만 우리나라에서는 그것보다 더 중요한 의미가 있습니다. 대입이라는 마라톤의 첫 출발점을 내디딘다는 점이 현실적으로 더 중요하게 다가옵니다. 우리 아이와 함께 전국 30만~40만 명의 아이들이 함께 뛰는 어마어마한 마라톤이지요. 우리나라 부모 중 아이의 입시에 초연한 사람은 단연코 한 사람도 없을 겁니다.

'나는 아이가 하고 싶은 것을 하도록 응원해주고, 싫다는 것은 안 하는 친구 같은 부모가 될 거야'라고 생각하다가도 초등 고학년이 되면 서서히 학원을 알아보는 경우가 태반입니다. 괜찮은 대학에 들어가 밥벌이라도 하고 살기를 바라는 마음이 간절해지죠. 뉴스에서 경제가 안 좋다거나 취업 시장이 어렵다는 얘기를 하면 이런 생각은 더 공고해집니다.

그런데 문제는 모두가 원하는 대학에 들어갈 수는 없다는 점입니다. 많은 부모가 바라는 소위 '인서울 대학'은 경쟁이 치열해질 수밖에 없죠. 높은 점수를 얻는 사람은 한정돼 있다 보니 현재의 입시 제도하에서는 원하는 대학에 갈 수 있는 사람과 그렇지 못한 사람이 나뉠 수밖에 없습니다. 앉을 자리는 하나인데, 앉고 싶은 사람은 10명인 상황. 우리 아이가 그 자리에 앉을 수 있을지 생각하면 그때부터 아득해지기 시작합니다. 그러면서 드는 생각이 바로 '우리 아이가 대학에 못 가면 어떻게 하지?'입니다.

이런 생각이 드는 순간, 부모는 바빠지기 시작합니다. 먼저 아이를 점검하기 시작하죠. 우리 아이의 학습 상황이 어떤지부터 살펴봅니다. 그런데 이를 점검할 수 있는 가장 간편한 지표인 성적은 안타깝게도 초등 시기에는 나오지 않습니다. 아니, 정확히 말하면 중학교 1학년 때까지는 성적이 나오는 학교 시험이 없습니다. 그렇다 보니 아이의 현재 상태가 궁금한 부모가 매달리는 곳이 바로 학원입니다. 학원 원장님에게 상담을 하거나 아이의 반이나 레벨에 집착하게 되는 거죠. 원장님의 한마디에 이끌려 강의를 더 듣고 레벨 테스트에 목숨을 거는 것은 바로 이 때문입니다.

　안타까운 현실은 최종 결과물이 수능 때나 나온다는 점입니다. '맞고 틀리고'의 문제를 떠나 우리나라 입시 제도는 고등학교 3학년 때 모든 것이 결정되는 구조입니다. 기간이 많이 남아 있다 보니 현재 아이가 잘하고 있는지, 그렇지 않은지 판단할 정확한 기준을 세우기 어렵습니다. 그러면서 점점 더 불안해지기 시작하죠. 학원에서 잘하면 잘하는 대로 못하면 못하는 대로 불안합니다. 불안한 마음을 떨치기 위해 주변 엄마들에게 의지합니다. 이때부터 주변에 흔들리고 주변의 기준에 휘둘리며, 아이의 상황을 꿰어 맞추는 블랙홀에 빠지게 되죠.

　그리고 주변 엄마들이 들려주는 정보에 따라 아이의 학습 속도가 느리다고 판단되면 그것을 보완하기 위해 속도를 내고 달리기 시작합니다. 아이가 현재 큰 무리 없이 잘하고 있더라도 더 잘하는 아이들에게 맞춰서 선행에 매진합니다. 반대로 아이가 못하면 학원을 더 많이 보내는 것으로 귀결됩니다. 이런 패턴에 익숙해지다 보면 아이가 중학교, 고등학교에 가서도 계속 이러한 방식을 이어갑니다.

　이것이 요즘 사교육에 입문하는 과정입니다. 연령은 점점 내려오고 있어요. 외부에서 기준점을 가지고 오면 아이의 학업 상황이나 학습 성과에 관계없이 계속해서 흔들리고 불안할 수밖에 없습니다. 아이가 열심히 공부를 하고 있고 숙제를 잘해도 '누구는 어디까지 진도가 나갔다더라' 하며 아이를 압박하고 강요하는 것입니다.

아이가 '메타인지' 능력이 부족할 때
일어나는 최악의 결과

기준이 외부에 있으면 아이는 스스로 성취감을 느끼거나 자기주도적으로 학습을 이어갈 수 없습니다. 오히려 아무리 열심히 해도 소용없다는 좌절감과 패배감을 맛보기 쉽죠. '나는 못난 사람이고 부족한 사람'이라고 여기며 자신감을 잃게 됩니다. 그리고 이것이 이어지면 무력감을 겪기도 하고, 게임이나 스마트폰으로 현실 도피를 하게 됩니다. 자신이 부족하다고 느낄 경우, 자기 확신이 없는 아이는 스스로 결정을 못 내리고 불안한 아이가 되곤 하죠. 또한, 자신을 정확히 바라보지 못하게 됩니다.

「교육대기자TV」 영상 중에 '초중등 우등생이 고등 때 무너지는 이유'라는 주제의 영상이 폭발적 관심을 끈 것은, 이에 공감하는 분들이 많기 때문입니다. 초중등 때는 순순히 부모의 말을 따라가던 아이들이 끝이 보이지 않는 경쟁, 압박에 불안감을 느끼고 무너지는 것입니다. 성적에 대해 부모가 지속적으로 불안해하면 부담감이 커져 가뜩이나 스스로 감정 조절하는 게 어려운 사춘기 시절에 엇나가며, 이로 인해 공부와 멀어질 수 있습니다.

'메타인지'의 권위자인 리사 손 컬럼비아대학교 바너드칼리지 인지심리학 교수는 우리나라 아이들이 자기 자신을 제대로 들여다보지 못한다며 안타까워했습니다. 메타인지란 자기 자신을 보는 거울을 말합니다. 자기가 무엇을 알고 무엇을 모르는지 판단하는 기준인데, 두 가지 세부 단계로 이뤄집니다. 첫 번째, 모니터링을 통해 순간순간 문제에 대해 판단합니다. 이 문제를 풀 수 있는 실력이 있는지, 어려운지 쉬운지 모니터링하는 것입니다. 두 번째, 상황 분석을 마친 다음에는 컨트롤을 통해서 문제를 해결하려고 합니다. 그런데 이때 모니터링은 자기 자신만이 할 수 있다고 손 교수님은 단언합니다. 아이 스스로만 판단할 수 있다는 거죠. 그런데 많은 부모가 이때 큰 실수를 한다고 지적합니다. 아이가 문제를 놓고 한참 생각하면 마치 문제를 안 푸는 것처럼 보여 "문제 빨리 풀어", "못 풀겠어?"라며 아이를 재촉한다는 것이죠. 그럴 경우 아이가 스스로 모니터링을 하지 못해 학습이 제대로 이뤄질 수 없다고 합니다. 메타인지 능력이 부족해 공부를 많이 했음에도 불구하고 성적이 안 오르고, 스스로의 실력에 대한 믿음이 없어 시험 때마다 불안함이 커지는 최악의 결과가 나타나는 것이죠.

공부 상처가 있는 아이라면 '배움의 본능'을 되살려야 한다

우리나라 학생들은 하나같이 공부에 관심이 많습니다. 누구나 공부를 잘하고 싶어 합니다. 이렇게 말하면 의아해하는 부모님이 있을지도 모르겠어요. "우리 아이는 도통 공부에 관심이 없어요"라고 말이죠. 그러나 들여다보면 열심히 하려고 했지만 그것을 이어가지 못한 안 좋은 경험이 트라우마로 남아 있는 경우가 대부분입니다. 학교는 물론 사회 모두 공부를 잘해서 좋은 대학에 가는 것을 미덕으로 생각하는 현실에서, 아이들은 누구나 공부를 잘해서 인정받고 싶어 합니다. 하지만 공부에 대한 안 좋은 경험으로 공부와 멀어지게 되는 것이죠.

25년 차 초등학교 교사이자 현재 군산동초등학교 교감으로 재직 중인 김성효 선생님은 성적이 낮은 학생들을 상담하면서 깨달은 것이 있었답니다. 바로 현재의 성적과 관계없이 많은 아이들이 공부에 관심이 있고 잘하고 싶어 한다는 사실입니다. 하지만 공부에 대한 안 좋은 경험으로 공부와 멀어지게 된 것이죠.

명지병원 정신건강의학과의 김현수 교수님은 이를 '공부 상처'라고 표현합니다. 모든 아이가 배움에 대한 본능을 타고나는데 이를 충분히 발휘하지 못하고 공부로부터 멀어지는 것은 바로 공부와 관련해서 상처를 받았기 때문이라는 것이지요. 흥미를 잃은 것은 결과 때문이지 흥미 자체가 없었던 것은 아니라며, 상처를 받아서 공부에 흥미를 잃은 상황이 됐을 뿐이라고 강조합니다. 대표적인 이유로 아이들이 '성공'이라는 경험이나 '칭찬'이라는 글자를 마주하지 못했기 때문이라고 지적합니다. 그러면서 교수님은 아이들에게 '배움의 본능'을 되살려줄 것을 권합니다.

부모의 걱정은 자칫 아이의 공부 상처로 이어질 가능성이 높습니다. 아이를 걱정한다는 이유로 아이의 의사와 상관없이 학습 계획을 짜고, 사교육에 의지하고, 성적에 연연한다면 오히려 아이가 공부를 손에서

놓는 결과를 낳게 됩니다. 입시는 생각보다 긴 과정입니다. 이 과정에서 좋은 결과를 얻기 위해서는 반드시 아이가 주도적인 공부를 해야 함을 잊어서는 안 됩니다.

03

좋은 학군에 대한 열망보다
더 중요한 것

아이 교육을 위한다는 이유로
좋은 학군에 살지 않아도 괜찮다

"아이를 어떻게 키우시나요? 사교육은 뭐를 시키세요?"

"어디 사세요? 대치동이나 목동 사시나요?"

공부 잘하는 아이들을 워낙 많이 만나는 저의 직업적 특수성으로 인해 제가 가장 많이 듣는 질문은 이것이 아닐까 합니다. SNS로도 이런 질문을 정말 많이 받습니다. 그런데 제게 한 번이라도 대답을 들은 분들은 다시는 이런 질문을 하지 않습니다. 정말 특별한 것이 없으니까요. 저는 소위 말하는 '학군지'에 살지도 않습니다.

질문하는 분들은 내심 제가 특급 비법을 알고 있고, 그것을 몰래 실천하지 않을까 기대하셨을 것입니다. 제가 많은 정보를 접할 테니 분명히 특별한 뭔가가 있을 것이라고 말이죠. 물론 저는 각종 교육 정보를 누구보다 많이 가지고 있습니다. 매일 공교육·사교육과 관련된 보도자료를 보고, 입시 뉴스를 분석하고, 교육 전문가들을 만나는 것이 일상이니 말이죠.

솔직히 교육 기업 대표님이나 학원 원장님들께 제 아이를 맡아서 교육시켜주겠다는 제안을 받은 적도 있습니다. 우리나라 입시 분야에서 내로라하는 분들께 이런 제안을 받을 때면, 혹하는 마음이 생기는 것도 사실입니다. 마음만 먹었다면 사교육을 누구보다도 더 잘 활용했을 겁니다. 우리나라에서 사교육을 누구보다 더 많이, 잘 시켰을 수도 있을 거예요. 실제로 첫째가 초등학교에 들어가기 전 잠시 학원에 보내본 적이 있습니다. 하지만 그로부터 몇 년이 흐른 지금, 초등학생인 저희 첫째는 학습지 말고는 사교육하는 것이 전혀 없습니다. 예체능 학원도 다니지 않습니다. 물론 학원을 보내지 말아야겠다는 확고한 생각이 있는 것도, 사교육을 부정적으로 보는 것도, 앞으로도 절대 보내지 않겠다는 것도 아닙니다. 아직은 그 필요성을 느끼지 못하고 있는 데다 지금의 일상에 충실하고 싶다는 아이의 의견을 존중해주기 위해서입니다.

저희 아이는 지극히 평범합니다. 아이큐도 평균, 학습 성과도 평균보다 약간 잘하는 정도입니다. 절대 뛰어난 영재는 아닙니다. 영재였으면 아마 저도 더 좋은 환경, 더 좋은 교육 프로그램을 찾으려 했을 것입니다. 하지만 그래 봤자 아이가 공부를 조금 잘하는 정도가 되었을 거라는 생각이 듭니다. 그렇다면 가장 중요한 것은 무엇일까요. 바로 공부에 대한 마음가짐입니다.

뛰어난 두뇌보다 중요한
공부를 대하는 '아이의 감정'

그간 저는 수많은 명문대 학생들을 만났습니다. 그중에는 누가 봐도 뛰어난 영재도 있었습니다. 분명히 다른 사람이 따라 할 수 없는 유형이 있었습니다. 하지만 절대다수는 공부에 대한 자기 나름의 확고한 마음가짐을 가지고 있는 평범한 학생이었습니다. 다만 공부를 즐겼거나 간절히 생각했거나 왜 해야 하는지 명확히 알고 있었습니다. 이들은 모두 공부에 대한 감정이 긍정적이라는 공통점이 있었습니다. 그렇기에 공부를 할 때 누군가를 탓하거나 억지로 하지 않았습니다.

우리나라 대학 입시는 특출난 영재를 선발하기 위한 것이 아닙니다. 기본적으로 대학에서 수학할 능력이 있는지를 평가하기에 영재가 아니어도 충분히 좋은 대학에 입학할 수 있습니다. 모든 것이 수능 석차, 성적 순으로 결정되는 것은 아닙니다. 수능 성적 또한 등급으로 결정됩니다. 이 때문에 꼭 1등을 해야 좋은 대학에 가는 게 아닙니다. 수학 1타 강사로 유명한 정승제 강사님은 이를 운동선수에 비유했습니다. 선천적으로 운동신경이 있는 아이들만 1등을 하는 올림픽이 아니라고 말이죠.

누구나 오랫동안 연습하면 이뤄낼 수 있는 시험이라는 것이죠. 따라서 저희 첫째처럼 평범한 아이라면 어떤 교육을 얼마나 일찍부터 받느냐가 아니라 어떤 '공부에 대한 감정'을 갖느냐가 더 중요합니다.

서울대 의대에 합격한 학생을 예시로 들어보겠습니다. 2019학년도 수능 만점자인 김지명 학생은 전형적인 전자 유형입니다. 초등학교 6학년 때 백혈병이 발병해 중학교 시절 내내 항암 치료를 받으면서도 공부에 대한 끈을 놓지 않았습니다. 지명 군은 어렸을 때부터 남달랐습니다. 어머니께서 추어탕 식당을 운영하셔서 가게 2층 방에서 혼자 있는 시간이 많았는데, 그때마다 한자 공부를 했습니다. 네 살 때 우연히 드라마 「대장금」을 보고 '대장금大長今'이라는 한자에 매료됐기 때문입니다. 엄마에게 한자 쓰기 책을 사달라고 하고, 한자급수시험에도 해마다 도전했습니다. 그렇게 독학해서 어렵기로 유명한 한자급수시험 1급을 초등학교 3학년 때 땄습니다. 심심할 때마다 인터넷 강의를 보면서 공부해서 중학교 때 이미 대학교 수학 과정을 독학했습니다. 투병 생활을 할 때도 수학 문제를 풀면서 힘든 시간을 견뎠다고 해요. 그 결과, 병원과 학교를 오가는 생활을 하고, 학원 한 번 제대로 다니지 않았지만, 역대급 불수능이었던 2019학년도 수능에서 유일하게 만점을 받았습니다.

정시 전형에서 김지명 학생이 수석을 했다면, 같은 해 서울대 의대 수시 전형에 수석으로 합격한 김규민 학생은 중학교 때까지 지극히 평범한 학생이었습니다. 중학교 때는 농구 선수를 꿈꾸며 농구에 미쳐 공부와는 거리가 먼 학교 생활을 했죠. 그러다 키가 작아서 농구 선수가 될 수 없다는 청천벽력 같은 말을 듣게 됩니다. 하고자 했던 진로가 막혀 방황하다가 고등학교 1학년 때 한 방송 프로그램에서 아프리카의 열악한 의료 현실을 보면서 의사가 되고 싶다는 생각을 하게 됩니다. 공부의 필요성을 절실히 느끼고 나서 제대로 해야겠다고 마음을 먹자 하루하루 달라졌습니다. 주변에서는 농구만 하던 그를 기억하곤 응원은커녕 조롱했지만, 간절한 꿈을 생각하며 흔들리지 않고 공부에 매진했습니다. 김규민 학생은 '꿈, 주체성, 간절함, 그리고 올바른 방법'이라는 네 단계를 밟아가며 공부를 했고, 그 덕분에 원하는 성과를 이룰 수 있었다고 말합니다. 달리 말하면 이 네 가지만 있으면 누구나 공부를 잘할 수 있다는 것이지요.

왜 공부해야 하는지
스스로 이유를 알아야 한다

타고난 영재가 아니라면 아이가 공부를 해야 하는 이유를 알고 주체적으로 학습해야 입시에 성공할 수 있습니다. 그렇지 않으면 절대 원하는 성과를 얻을 수 없어요. 입시 레이스는 12년 동안 이어지는 결코 짧지 않은 과정이기에, 무너지는 순간이 분명 있을 것입니다.

일단 아이가 두 유형 중 어떤 유형인지부터 판단해봐야 합니다. 영재인지 어떻게 알 수 있냐고요. 영재는 숨기려고 해도 드러날 수밖에 없습니다. 20년 이상 대치동에서 수학 학원을 운영해온 김필립 원장은 이를 중국의 고사성어인 '낭중지추囊中之錐'라는 말로 표현했습니다. 아무리 주머니 속에 감추려 해도 뚫고 나오는 송곳처럼, 영재는 두각을 드러낼 수밖에 없다고 말이죠. 이런 아이들은 굳이 살펴보지 않아도, 단번에 알아볼 수 있기에 특별히 고민할 필요가 없습니다.

그렇지 않다면 김규민 학생처럼 자기가 왜 공부를 해야 하는지 이유를 알아야 합니다. 저희 첫째 아이는 영재가 아니기에, 아이가 스스로 공부를 왜 해야 하는지 그 이유를 찾아낼 수 있도록 도울 계획입니다. 그렇다고 손을 놓고 아무것도 하지 않겠다는 말은 아닙니다. 훗날 공부를 하고자 하는 마음이 절실해도 습관이 배어 있지 않으면 크게 시행착오를 겪을 수밖에 없습니다. 입시는 한정된 시간 내 성과를 내야 하는 것이기에 앞으로 나아가기 위해서는 습관과 공부에 대한 부정적이지 않은 마음이 전제 조건으로 반드시 필요합니다. 그리고 바로 그 점을 부모가 도와야 합니다.

때문에 저는 아이와 대화를 하면서 스스로 학습 계획을 세우도록 합니다. 요일별로 어떤 숙제를 얼마만큼 하고 책을 얼마나 읽고 무엇을 할지 결정하도록 합니다. 그리고 그것을 스스로 지킬 것을 강조합니다. 또한, 습관이 몸에 밸 때까지 곁에서 격려하고 체크하는 것을 잊지 않습니다. 아이가 직접 결정하고 실천해야 부정적인 감정이 스며들지 않습니다. 부모는 아이가 이를 잘 실천할 수 있도록 도와주는 역할을 하는 것만으로도 충분합니다.

당신의 아이가 느끼는
'학교에 대한 감정'은 어떠한가?

자녀가 저처럼 초등학생이라면 '공부에 대한 감정' 외에 중요한 게 한 가지 더 있습니다. 바로 '학교에 대한 감정'입니다. 저는 사실 이 부분이 아이의 '습관'보다 더 중요하다고 생각합니다. 우리나라 입시의 바탕은 학교 교육입니다. 사교육에 아무리 효율적인 프로그램이 많다고 하더라도 입시에선 학교 교육 과정이 더 절대적인 게 분명합니다. 단언컨대 입시는 12년간 진행되는 학교 생활의 결과물입니다. 이 12년의 가장 중요한 출발점인 초등 시기에는 학교에 대한 감정이 그 무엇보다 중요합니다. 구체적으로 살펴보면 대입의 큰 축인 수시 전형은 학교에서 고등학교 3년을 어떻게 보내느냐로 결정되는 전형입니다. 굳이 입시와의 연관성을 언급하지 않더라도, 학교 생활은 아이의 정서에 절대적인 영향을 끼칩니다. 인생을 살아가는 데 있어 중요한 것들을 배우고 익히는 청소년기의 하루하루를 학교에서 보내니까요.

학교를 좋아하고 선생님을 좋아하고 학교 가는 것을 좋아해야, 공부를 좋아하고 아이의 정서도 긍정적으로 형성됩니다. 그런데 학교 생활은 등한시하면서 사교육에만 매진하는 부모님들이 있습니다. 이것은 분명 잘못된 생각입니다. 제가 만난 수많은 우등생들은 학교를 긍정적으로 생각했습니다. 적어도 싫어하는 경우는 없었습니다. 학교 가는 것을 좋아했고, 수업 시간을 즐겼습니다. 그리고 사교육은 보완재로 활용했죠. 학교 교육이 아닌 사교육에 중점을 둔 경우, 수능 직전까지 사교육의 굴레에서 벗어날 수 없습니다. 그것을 보완할 무엇이 없기에 사교육에 더 의지하게 되고, 결과적으로 객관적인 기준이 아닌 사교육에 끌려 다니며 걱정을 키울 수밖에 없습니다.

제가 학원에 보내지 않는 것도 아이가 현재까지는 학교를 너무 좋아하기 때문입니다. 전교생 중 가장 일찍 학교에 갑니다. 내일 일찍 일어나서 제일 먼저 학교에 가고 싶다고 얘기할 정도로 학교를 좋아합니다. 그래서 학원이 아닌 학교 방과후 프로그램을 신청해서 수업을 듣고 있습니다. 학교에서 하는 활동 하나하나가 다 새롭고 재미있다고 합니다.

만약 학원에서 먼저 다 배우고 접하고 학교에 갔다면, 이런 활동들을 새롭게 여겼을까요. 학원이 늦게 끝나서 밤 늦게 자고 피곤한 상태로 학교에 갔다면, 이런 활동을 즐길 수 있었을까요. 그렇게 생각하니 쉽게 학원에 보낼 수 없었습니다.

물론 학습 면에서 앞서가는 또래 아이와 달리, 쉬운 영어도 아직 더듬더듬 읽는 아이를 보면 답답하기도 합니다. 하교 후 집에서 어린 동생과 마냥 해맑게 '헬로카봇' 영상을 보고 있는 첫째 때문에 속이 터질 때도 많습니다. 학군지에서 밤 10시까지 공부하는 학생들을 떠올리면 비교가 되기도 합니다. 그런데 현재를 진심으로 즐기는 아이의 표정을 볼 때마다 '엄마의 걱정으로 아이의 행복을 막을 권리는 없다'라는 생각이 듭니다.

엄마의 걱정에 앞서
아이의 공부 감정을 살필 것

공부는 분명 아이가 스스로 해야 하는 일입니다. 부모가 공부할 수 있는 환경을 만들어주고 습관을 잡아줄 수는 있지만, 공부를 제대로 하려면 아이의 마음이 동해야 합니다. 초등학교나 중학교 때까지는 엄마의 노력과 사교육의 힘으로 성적을 높일 수 있지만, 학습 내용이 심화되고 경쟁이 치열한 대입에서는 절대 통하지 않습니다. 때문에 초등학생, 늦어도 중학생 때까지는 아이가 공부를 즐길 수 있도록 공부에 대한 감정에 집중해야 합니다. 엄마의 걱정이 앞서 아이의 공부 감정을 살피지 않으면 절대 대입이라는 험난한 과제를 성공적으로 수행할 수 없다는 것을 명심해야 합니다.

한 초등학교 교사가 소개한 일화는 이런 면에서 우리에게 큰 메시지를 전해줍니다. 어느 날 반 아이가 하루 종일 전전긍긍하는 모습을 보여 이유를 물었더니, 학원 레벨 테스트에서 떨어졌다고 했답니다. 레벨 테스트에서 떨어질 수도 있다고 다음번에 더 잘 보면 된다고 다독이자, 그 뒤에 아이가 진짜 힘들어한 이유를 털어놓았습니다.

"엄마가 학원 레벨 테스트에 떨어지면 동네 창피해서 엘리베이터도 탈 수 없다고 했어요. 제가 창피하대요."

고등학교 3학년까지 이어지는 긴 입시 레이스를 놓고 봤을 때, 부모로부터 온갖 걱정과 실망 어린 말을 들은 아이가 과연 고3 때까지 평정심을 유지하며 열심히 공부할 수 있을까요. 과연 다음 레벨 테스트에서는 불안감을 떨치고 제대로 실력을 발휘할 수 있을까요. 답은 자명해 보입니다.

04

기질을 제대로 알아야
아이가 보인다

아이의 기질과 특성에 따라
다르게 대해야 한다

2008년 배우 신애라 씨를 인터뷰한 적이 있습니다. 지금이야 육아 프로 그램 진행을 하는 등 다양한 활동을 펼쳐 잘 알려져 있지만, 그때만 하더라도 교육과 관련된 행보가 세상에 많이 알려지지 않은 상황이었어요.

그녀와 만나기 전까지만 하더라도 교육에 관해 이야기를 나눠야 한다는 것이 솔직히 의아했습니다. 그러나 그 생각은 순식간에 깨졌죠. 일단 그녀의 사무실 분위기부터가 달랐습니다. 교육 서적으로 빼곡하게 둘러싸인 서재에서부터 교육에 대한 관심이 높다는 것을 알 수 있었죠.

그 당시에 그녀가 교육 사업을 하게 된 이유는 크게 두 가지였습니다.

첫 번째 이유는 주변에 입시 위주 학원만 있다 보니, 아이들이 즐길 수 있는 예체능 활동을 하게 해주고 싶다는 마음이 들었다고 했습니다. 평소 아이를 키우면서 들었던 이건 아니라는 생각이 행동으로 이어진 것이죠. 모든 학생이 1등을 할 필요는 없는데 주위에서 너무 공부만 강조하다 보니 학습력이 떨어지는 아이들이 크게 좌절하는 것이 안타까웠다고 했습니다. 두 번째 이유는 스스로 반성하고 실수를 반복하지 않기 위해서라고 했습니다. 별다른 준비 없이 엄마가 돼 그녀 역시 시행착오를 많이 겪었던 것이죠. 아이의 생각을 존중하지 않은 채 자신이 원하는 것을 시켰고, 어떻게 대화할지 몰라 허둥댔다고 합니다. 하지만 아이의 '기질'을 알고 나서부터는 달라졌다고 합니다. 첫째 아들은 손재주가 있어서 요리나 만들기를 잘하는데, 그것을 무시한 채 격한 체육 활동을 시켰다고 합니다. 앞으로는 아이가 무엇을 잘하는지 기질을 살펴서 같이 고민해줄 것이라고 말했습니다. 다들 아시다시피 그녀에게는 가슴으로 낳은 두 딸도 있어요. 세 아이를 대하는 마음이 다를 것 같다는 세간의 인식에 대해서는 우문현답을 남겼습니다.

"물론 아이들 각각을 대하는 태도는 다릅니다. 그것은 아이들 각자 타고난 기질이 달라서 그런 것이지, 낳고 안 낳고의 차이는 아니에요. 앞으로도 저는 아이들 세 명 모두 다르게 대할 것입니다."

타고난 기질은 그 무엇보다 중요합니다. 제가 만난 모든 소아정신과 전문의들은 유아기에는 아이의 기질을 살피는 것이 가장 중요하다고 강조했습니다. "같은 배에서 나와도 아롱이다롱이"라는 말이 있습니다. 그만큼 같은 형제라도 기질에서는 차이가 있을 수밖에 없습니다. 기질은 성격의 타고난 특성을 의미합니다.

기질을 제대로
이해한다는 것

기질이 중요한 만큼 관련 연구도 활발하게 이뤄졌습니다. 1950년대 초에는 유아 기질에 관한 고전적인 뉴욕 종단 연구가 진행되기도 했죠. 이 연구는 '기질적 특성이 살아가는 동안 적응에 어떤 영향을 미치는가'에 초점을 맞췄습니다. 이들은 어린 아기들을 아홉 가지 기준으로 평가했는데, 기질은 아이가 학교에서 친구들과 어떤 관계를 맺는지, 또는 가정에서 얼마나 잘 적응하는지에 영향을 미치는 것으로 나타났습니다. 이때의 아홉 가지 척도는 다음과 같습니다.

1. 활동 수준(아동의 신체적 에너지)
2. 식사와 수면의 규칙성(예측 가능성, 아동의 식사와 수면 습관이 규칙적인가, 불규칙적인가)

3. 초기 반응(새로운 사람이나 환경에 긍정적 또는 부정적으로 반응하는 정도)

4. 적응성(시간에 따른 변화에 적응하는 데 걸리는 시간)

5. 정서의 강도(긍정적이거나 부정적인 반응의 에너지 수준)

6. 기분(즐겁거나 즐겁지 않은 태도를 지니는 일반적인 경향)

7. 주의산만(주변에서 일어나는 일들에 정신을 빼앗기는 경향)

8. 인내와 주의 지속 시간(과제 수행에 몰두하는 시간과 좌절했음에도 불구하고 과제에 매달리는 능력)

9. 감각 민감성(아동이 환경에 방해받는 정도)

이를 통해 부모는 '쉬운(easy)', '어려운(difficult)', '더딘(slow-to-warm-up)' 세 범주로 유아 시기 아이를 판단할 수 있습니다. 쉬운 아이들은 새로운 경험에 비교적 쉽게 적응하고, 일반적으로 긍정적 기분과 정서를 나타내며, 정상적인 식사와 수면 패턴을 보입니다. 어려운 아이들은 매우 감정적이고, 짜증을 잘 내고, 신경질적이며, 잘 웁니다. 또한 불규칙적인 식사, 수면 패턴을 보입니다. 더딘 아이들은 활동 수준이 낮고, 새로운 상황과 사람들로부터 물러서는 경향이 있습니다. 이런 아이들은 새로운 경험에 적응하는 데 오래 걸리지만, 반복적인 노출 뒤에는 수용하는 특징이 있죠.

아이의 기질을 알면 부모가 아이들의 행동을 파악하는 데 도움이 됩니다. 아이의 개인차를 이해할 수 있죠. 아이의 반응을 예상할 수도 있고요. 아이가 가진 기질을 이해하는 것은 분명 아이의 행동을 이해하는 방향성을 갖는 데 도움이 됩니다.

이때 중요한 게 있습니다. 아이의 범주에는 분명 장단점이 있지만, 한 범주가 다른 것보다 나은 것은 아니라는 점이죠. 기질은 아이를 이해하기 위한 근거이지 아이를 판단하는 근거는 아니라는 것을 명심해야 합니다.

물론, 쉬운 기질이면 부모가 아이를 양육하는 게 편합니다. 예민한 기질의 아이는 이해하는 게 몇 배는 더 힘이 들죠. 그렇다고 예민한 아이를 고치려고 해서는 안 됩니다. 타고난 기질은 쉽게 고쳐지지 않습니다. 인정하고 받아들여야 할 부분이지요.

기질은 좋고 나쁜 게 없습니다. 그냥 그렇게 타고난 것입니다. 키가 작게 태어난 사람, 키가 크게 태어난 사람이 있듯이 말이죠. 부모는 내 아이가 무던하게 자라길 바랍니다. 그렇다고 예민한 아이를 무던하지 않다고 질책해서는 안 됩니다. 그렇게 하면 아이는 상처를 받을 수밖에 없습니다.

이때 변수는 부모의 기질입니다. 부모의 기질과 비슷할 경우 부모는 아이를 더 빠르게 이해하고 쉽게 수용하지만, 그렇지 않은 경우 받아들이기 힘들어하며 걱정합니다. '나는 안 그랬는데, 쟤는 왜 저러지? 혹시 뭐 문제가 있는 거 아니야?'라는 식으로 생각하는 것은 잘못된 판단입니다. 아이의 기질을 있는 그대로 인정하고 그에 맞춰 행동하려고 노력해야 합니다.

아이의 타고난 기질은
고치려고 해봤자 고쳐지는 게 아니다

보라매병원 소아정신과 최치현 교수는 요즘 들어 아이가 예민하다는 이유로 찾아오는 부모가 많아지는 것을 보며 『예민한 아이 잘 키우는 법』이라는 책을 냈습니다. 그는 예민한 아이를 담담하게 바라봐야 한다고 강조합니다. 그러면서 예민한 아이는 자극을 더 많이 받고, 자극에 더 크게 반응하는 것뿐이라고 설명합니다. 그 외에 머리가 좋은지 나쁜지, 감정적인지 이성적인지, 대인관계에서 인사이더인지 아웃사이더인지는 기본 특성이 아니라고 합니다. 예민한 사람은 머리가 좋을 수도 나쁠 수도 있고, 감정적일 수도 이성적일 수도 있으며, 인사이더와 아웃사이더 모두가 될 수 있다고 말이죠. 그런데 많은 부모가 예민한 아이의 단점을 보고 미리 걱정해서 어떻게든 고치려고만 한다고 지적합니다. 고칠 수 있는 것이 아닌데도 말이죠. 예민함을 부정적으로 보는 부모의 선입견은 '우리 아이가 예민해서 앞으로 힘들어지는 것 아닌가'라는 걱정을 낳고, 이러한 마음이 아이에게 전달돼 더 불안하고 예민해지는 악순환이 시작되는 것이죠.

그렇다고 무조건 그냥 놔두라는 얘기는 아닙니다. '예민함'이 증폭되면 아이도 부모도 힘들어집니다. 때문에 긴장을 이완시킬 수 있도록 노력해야 합니다. 만약 아이가 소리 자극에 예민해서 잠을 못 잔다면 방을 바꿔보거나, 자는 시간을 바꿔보는 등 노력할 필요가 있지요. 반대로 느

굿한 성향의 아이에게는 등교 준비를 할 때, 30분 정도 시간을 더 주는 방향으로 보완하는 게 좋습니다.

　아이의 기질은 선천적으로 타고나는 것이지만, 아이가 특정 방향으로 나아갈 수 있도록 돕는 것은 부모의 역할입니다. 지레짐작으로 걱정해서 아이의 타고난 기질을 바꾸려 하기보다는 정확히 식별하고 적절히 반응하는 데 시간을 할애해야 합니다. 이렇게 부모가 바른 방향으로 노력할 때 아이들은 자신의 타고난 기질을 부정적으로 생각하지 않고 장점으로 바꿀 수 있습니다.

부모의 태도가
예민한 아이의 운명을 바꾼다   w.최치현

---

interviewee 최치현

서울시 보라매병원 소아정신과 교수. 『예민한 아이 잘 키우는 법』, 『우리 아이 왜 그럴까』를 집필했다.

Q 예민한 아이의 특징은 무엇이고, 부모가 어떻게 반응하면 좋을까?

나이에 따라 다르다. 초등학교 전후에는 엄마와 떨어져 있지 못하거나, 학교에서 친구나 선생님과 이야기를 못 한다거나, 등교하기 어려워하는 경우가 있다. 청소년은 '관계'에서 예민함을 느끼는 경우가 많다. 예민함은 아이의 타고난 성향에 후천적 환경, 대표적으로 부모의 양육 태도가 결합돼 나타난다. 예민함은 옳고 그름이나 좋고 나쁨으로 판가름할 수 있는 개념이 아니다. 예민함을 긍정적으로 활용하면 재능이 된다. 예민한 아이는 관찰력이 좋고 타인에 대한 공감 능력이 뛰어나다. 감각이 예민하다 보니 일상에서 느껴지는 풍요로운 자극을 더 잘 받아들인다. 예민함은 바꿀 수 없는 특성이다. 이를 받아들이는 연습을 해야 한다. 아이의 예민함을 바꾸는 게 아니라 잘 조절할 수 있도록 돕는 게 부모의 역할이다.

아이의 감정을 인정해주고 안정감을 주는 게 우선시돼야 한다. 아이의 감정에 공감하고 달래준 뒤 긍정적인 피드백을 주는 것이 좋다. 이러한 행동이 지속되다 보면 아이는 자신의 예민함을 서서히 조절하게 된다. 아이를 예민하게 만드는 외부 자극을 줄여주는 게 좋은지, 부모가 함께 견뎌나가는 게 좋은지 고민하는 경우가 많은데 자녀교육은 '정반합'이다. 아이에게 한번 시도해보고, 반응을 보고, 난이도를 조절해가며 아이에게 맞는 방법을 찾아나가야 한다. 이는 적당히 어려운 수준의 과제를 수행할 때 배움이 일어나는 학습의 원리와 같다.

Q 예민함을 어떻게 판단해야 하는지, 아이의 예민함에 부모가 불안해질 때 부모의 불안은 어떻게 다스려야 하는지 궁금하다.

예민한 아이, 그렇지 않은 아이를 나누는 흑백논리는 지양해야 한다. 사람은 누구나 예민한 면이 있다. 상황에 따라 그 정도가 달라질 뿐이다. 부모가 '예민한 아이'라고 규정해버리면 아이에게 잘못된 메시지가 전달될 가능성이 크다. 혼자 고민하기보다는 전문가의 도움을 받는 것이 좋다. 무엇보다 아이의 입장에서 생각해주는 것, 이는 아이의 감정 조절을 돕기 위한 대원칙이다.

부모가 아이에게 화가 나는 이유는 아이를 오해했기 때문일 가능성이 높다. 아이의 특성을 의지나 노력, 옳고 그름으로 바라봐선 안 된다. 아이의 성향과 상황을 구분해서 생각하는 것 역시 중요하다. 아이에게 필요한 상황이 있고 그렇지 않은 상황이 있다. 후자의 경우, 피할 수 있다면 피하는 것이 자녀교육에 좋다. 전자의 경우 피할 수 없는 상황이라면 이때는 강제로 할 수밖에 없다. 단, 이때도 아이에게 편안한 상황을 만들어주면 도움이 된다. 자극을 조절해서 아이가 버틸 수 있는지 보고, 받아들일 수 있는 정도까지 시키는 것이 중요하다. 부모의 욕심 때문에 아이를 밀어붙여선 안 된다.

불필요한 자극을 줄이는 것 역시 부모가 화내는 상황을 막을 수 있는 방법이다. 가령 아이가 한겨울에 잠옷을 입고 나가겠다고 하면, 제재하는 대신 코트를 챙겨준다. 아이 스스로 경험을 통해 깨닫게 될 뿐 아니라 그 과정에서 불필요한 에너지 소모를 하지 않을 수 있다.

Point   아이 스스로 예민함을 조절할 수 있도록 돕는 게 부모의 역할이다.

CHAPTER 2

동일화

—

나의 문제를 아이와 연결하고 있지 않은가

01 나한테 벌어진 일이
아이에게도 일어날 것이라는 착각

부모에게 일어난 일이
자녀에게 똑같이 일어날 가능성

오랜 기간 학군을 놓고 고민한 지인이 있었습니다. 외동딸이 초등학교
에 들어가는 순간부터 고민하더니, 그 고민이 몇 년간 이어졌습니다. 서
울에서 살다가 남편의 직장을 따라 지방에 내려간 다음, 해마다 서울로
이사하는 계획을 세우고 포기하기를 반복했죠. 제게도 일 년에 몇 번씩
전화해서 학군지 소식을 묻곤 했습니다. 경제력이 부족한 건 아니었어
요. 학군지를 알아만 보고 결정을 내리지 못하고 망설이기만 한 이유는
따로 있었습니다.

　어린 시절 그녀는 부모님이 맞벌이를 하셔서 외가에서 나고 자랐다

고 해요. 그러다가 부모님이 아파트 청약에 당첨되면서 낯선 지역으로 분가를 하게 됐습니다. 초등학교 3학년 2학기 개학날 처음으로 새로운 학교에 갔습니다. 그런데 하필 필통을 집에 놓고 온 것입니다. 평소 말수가 적고 내성적이어서 연필을 빌릴 용기가 없었던 그녀는 당황한 나머지 결국 울음을 터트렸습니다. 그러자 주변에서 그녀를 이상하게 여겨 '바보', '울보'라고 놀리기 시작했죠. 그 이후 초등학교를 졸업할 때까지 친구 한 명 없이 지냈습니다. 중, 고등학교 때도 자신을 놀리던 아이들과 같은 학교를 다니면서 지옥같이 외로운 시기를 겪었다고 해요. 지금도 그녀는 학창 시절 얘기만 꺼내면 얼굴이 창백해지곤 합니다.

그녀가 몇 년간 결정을 못 내린 이유는 바로 그것이었어요. 자신에게 일어난 일이 딸에게도 일어날까 걱정된 것이었죠. 딸이 자신같이 전학을 간 다음 어려움을 겪을까 봐 두려워했습니다. 자신처럼 힘든 초등학교 생활을 겪는 상상을 하자 어떤 결정도 내리지 못하고 멈출 수밖에 없었습니다.

많은 부모는 아이가 자신의 전철을 밟을까 봐 염려합니다. '나처럼 될까', '나랑 같은 경험을 할까' 같은 생각을 자주 하죠. 세상에서 가장 사랑하는 자녀에게 트라우마를 대물림하고 싶은 부모는 단 한 사람도 없을 것입니다. 그러나 이것은 분명 전제 조건이 잘못된 착각입니다. 부모에게 일어난 일이 아이에게 똑같이 일어날 가능성은 극히 적습니다. 부모와 아이는 전혀 다른 객체, 전혀 다른 사람이기 때문이죠. 자녀를 너무 사랑하다 보니 부모는 자신과 자녀를 '동일시'하는 경향이 있습니다. 하지만 아이들은 우리가 생각하는 것과 훨씬 다를 수 있습니다.

아이는 나와 다르다는 것을
인정할 때 보이는 것들

인생을 살다 보면 걱정하는 일이 대부분 실제로 일어나지 않는다는 깨달음을 얻을 때가 있습니다. 그런데 우리는 앞서 걱정하느라 현재의 즐거움을 충분히 누리지 못하죠. 자기의 걱정을 바탕으로 미리 서둘러 행동으로 옮기느라요.

영국의 정치인 '윈스턴 처칠Winston Churchill'의 유명한 일화 중 어떤 노인이 죽기 전에 남긴 말은 우리가 늘 달고 사는 걱정이 쓸데없고 불필요한 것임을 깨닫게 합니다.

"나는 평생 많은 걱정거리를 안고 살았지만, 걱정했던 일의 대부분은 실제로 발생하지 않았습니다. 말하자면 평생 아무 쓸모없는 생각에 휩싸여 산 셈이죠. 내가 인생을 살면서 가장 후회하는 일은 걱정 때문에 내가 하고 싶은 것들을 스스로 막으며 산 것입니다."

앞서 말씀드린 지인의 경험을 다시 살펴볼게요. 지인의 외동딸이 같은 경험을 할 가능성은 거의 없습니다. 일단 아이는 엄마와 다른 기질을 타고났기에 전학에 대해 부담이 없을 수 있고, 부담이 있더라도 전학 간 첫날 실수를 안 할 수 있으며, 실수를 했더라도 친구나 선생님께 도움을 청할 수 있어요. 친구가 놀렸을 때 놀리지 말라고 강하게 얘기할 수도 있죠. 부모와 아이가 같은 상황에서 같은 대응을 할 것이라는 생각은 부모의 착각입니다.

걱정과 이별하는 가장 간단한 방법은 걱정을 내려놓는 것입니다. 걱정으로 조급해지지 않으려면 걱정을 객관적으로 바라봐야 합니다. '걱정'이란 단어의 사전적 의미는 '안심되지 않아 속을 태움'입니다. 작은 불씨가 큰 불로 이어지는 것처럼, 속을 태우다 보면 점점 더 크게 마음을 끓이게 되죠. 즉, 걱정은 우리가 가진 믿음을 잘못된 방향으로 굳어지게 만들어 삶의 변화를 막는 부정적인 요소로 작용합니다.

아이는 나와 다르다는 것을 인정하면 이러한 걱정에서 벗어날 수 있습니다. 일단 아이가 태어나면 나와는 완전히 다른 객체라는 것부터 인정해야 합니다. 미국 존스홉킨스대학 소아정신과 지나영 교수는 부모가 아이를 자신과 동일시하는 것을 경계해야 한다고 지적합니다. 부모와 아이는 생각하는 것이 다르고 좋아하는 것도 다른, 모든 것이 완전히 다른 객체라는 것이죠. 아이를 자신과 동일시하거나 소유물로 생각하면 아이를 자신이 다듬어야 할 원석으로 여기게 됩니다. 아이는 그 자체로 보석인데 말이죠.

"아이들은 아이들 나름의 잠재력과 기질을 가지고 있어요.
그것을 꽃피워주려고 생각하면 됩니다. 부모가 일일이
해주거나 신경 써줄 필요가 없어요. 아이는 이미 많은 것을 가지고 태어났습니다. 그것을 꺼내주기만 하면 됩니다.
그런데 많은 부모가 아이가 가진 것을 무시하고 더 많이
넣어줄 생각만 해요."

아이를 자신과 동일시하고 자신의 생각을 근거로 판단해서는 안 되는 이유는 또 있습니다. 바로 아이와 우리 사이에 흐르는 시간의 차이입니다. 우리와 아이 사이에는 대개 30년 이상 나이 차가 있습니다. 코로나로 인해 1~2년 새 세상이 크게 달라졌듯, 30년 시간 차이는 실로 엄청 납니다. 미래에서 온 아이를 우리 인식의 틀에 가둬서는 안 되는 이유죠.

아이와 내가 다르다는 것을 인정해야 합니다. 그래야만 자신에게 일어난 안 좋은 일이 되풀이될 것이라는 굴레에서 벗어날 수 있습니다. 그리고 부모 역시 자신이 겪은 트라우마를 지나치게 두려워하지 않고 조금은 치유될 수 있을 것입니다.

02

이제는 원부모로부터
독립할 시간

부모로부터 받은 사랑이
내 아이에게 주는 영향

「교육대기자TV」를 운영하면서 많은 분들께 감사 인사를 듣습니다. 리뷰를 담은 메일을 종종 받는데, 그중 가장 인상적인 글이 있어 공유합니다.

일곱 살 딸을 키우는 매일이 힘들었습니다.
아이가 왜 이런 행동을 하는지 이해가 안 되고 제 딸이지만
예쁘지 않은 순간이 많았습니다. 그리고 돌아서서 후회하는 일이 많았죠.
나는 모성애가 없는 엄마인가, 그렇게 죄책감에 시달리던 어느 날
「교육대기자TV」를 봤어요. 정신과 전문의께서 나오신 '부모를 원망하는

부모라면 보세요' 편이었죠. 가슴이 많이 아팠습니다.

거칠고 공감 능력이 떨어지는 아버지에게 학대당하는 어머니 밑에서 자라 공감 능력이 부족한 제 모습이 떠올랐기 때문이에요. 어릴 적 저희 집에서는 부모님 싸우는 소리가 자주 들렸어요. 한번 그러고 나면 며칠은 서로 아무 말도 하지 않는 침묵을 견뎌야 했습니다. 겉으로는 멀쩡하게 잘 자랐지만, 다른 사람에게 제 얘기를 하는 것이 너무 어려웠어요. 그리고 지금, 부모로서 아이의 생각을 읽는 것이, 감정을 공유하는 것이 너무 어렵습니다.

아이를 키우다 보면 감정의 소용돌이에 빠질 때가 있습니다. 아이의 행동을 보면서 어릴 때 자신의 모습, 부모의 모습이 불쑥 떠오르기도 하죠. 그리고 부모를 떠올리면 대개 다음과 같은 생각을 하게 됩니다. '내 부모보다는 아이한테 잘해줘야지' 또는 '내 부모만큼 아이한테 잘해줘야지'라고 말이죠. 그런데 이 두 가지 생각 모두 올바른 방향은 아닙니다.

먼저 '부모가 나한테 못해줬으니 아이한테 더 잘해줘야지'라고 생각하는 경우부터 살펴보겠습니다. 이런 경우, 부모는 아이한테 잘해줘야 한다는 부담 때문에 과도하게 힘을 주게 됩니다. 잘해주고 난 이후에도 '부족하지는 않을까. 아이가 나처럼 어린 시절을 힘들게 보내지는 않을까' 하고 조급한 마음을 갖게 되죠.

반대로 '부모로부터 넘치는 사랑을 받아 그만큼 아이에게 잘해줘야겠다'고 마음을 먹은 경우입니다. 겉으로만 봐서는 이런 경우 힘들 게 없다고 생각할 수도 있습니다. 하지만 이 역시 자연스럽지 않습니다. 사람마다 타고난 기질이나 스타일, 성향이 다르기 때문이죠. 자신의 부모가 어떤 변화에도 무던하게 반응하고 포용해주는 편이었는데, 본인은 섬세하고 예민하다면 자녀에게 그렇게 한다는 것 자체가 부담이 될 수 있습니다. 즉, 기대치가 원부모로부터 형성된다면 지속적으로 과거의 부모에게 끌려다닐 수밖에 없습니다.

자신이 경험한 부모가 좋든 나쁘든 그것에 연연해서는 안 됩니다. 우리는 이미 성인이고 아이를 키우는 부모가 됐기 때문이죠. 자아 분화가 확실히 일어나야 하는데 아직도 많은 부모가 영향을 받고 있는 것 같아요. 부모로부터 독립하는 게 아니라 성인이 되어서도 가깝게 지내는 것이 오랜 기간 미덕으로 여겨져 온 우리나라에선 이러한 현상이 더욱 심하게 나타납니다. 그러나 분화되지 않으면 어느 순간 감정이 터질 수밖에 없습니다.

좋은 부모가 되기 위해서는
원부모와의 정신적인 독립이 필요하다

부모에게 얽매인 감정을 못 느끼다가 아이를 키우면서 과거에 부모와의 관계가 사실은 소원했다는 것을 깨닫기도 합니다. 특히 부모에게 자녀 양육을 부탁할 때, 감정이 수면 위로 올라오는 경우가 많습니다. 예를 들어, 어렸을 적 야채를 억지로 먹였던 부모님에게 상처를 받았지만 티를

낼 수 없어서 마음속 깊이 남겨뒀다가 손자에게 야채를 억지로 먹이는 부모님의 모습을 보면서 과거의 기억이 떠오르는 경우입니다.

사람은 대개 이런 불편한 감정이 터져 나오면 덮으려고 합니다. 하지만 원부모와의 관계는 마라톤처럼 길게 이어지는 것이기에, 감정을 해결하지 않으면 언젠가 또 문제가 불거질 수밖에 없습니다. 이를 부모님과 거리를 두는 것으로 해결해서는 확실히 독립하기가 어렵죠.

육아 아빠의 줄임말인 '육아빠'로 유명한 정신과 전문의 정우열 원장은 좋은 부모가 된다는 것은 원부모에게서 정신적으로 확실히 독립하는 것을 의미한다고 말합니다. 부모가 된 것을 계기로 그간 가둬왔던 원부모와의 감정을 스스로 꺼내어 살펴봐야 한다고 강조합니다. 원부모에게서 정신적으로 원만하게 독립할 때, 독립적인 인격체로서 아이를 대하기가 더 수월해질 거라고 설명합니다.

저 역시 그런 경험이 있습니다. 아이들과 주말에 여행을 갈 때마다 제가 어렸을 때는 여행은커녕 기억에 남는 외출조차 해본 적 없다는 생각에 친정 부모님에 대한 원망이 커지더군요. 결국 저는 친정 부모님께 이런 부분은 속상했다고 솔직하게 말씀드렸어요. 물론 너무 오래전 일이라 기억조차 못 하셨습니다. '미안하다'는 대답도 듣지 못했지만, 감정을 표현하자 마음이 조금은 편해졌습니다. 누군가의 변화를 바라고 표현한 게 아니라 제 마음에 충실하기 위해 감정을 표현한 것이었으니까요.

어렸을 때 부모님에게 따뜻한 말이나 애정을 충분히 받지 못하고 자란 경우, 그 상처가 어른이 되고 나서도 내면에 남아 있기도 하죠. 아이를 대할 때마다 그런 상처가 떠오른다면 한 발 물러서서 자신의 내면을 들여다봐야 합니다. 원부모와 어떻게든 해결하라는 말이 아닙니다. 그 상처가 자신의 삶에 영향을 준다는 것 자체를 인정하면 됩니다. 그러고 나면 아이를 대하는 것 또한 좀 더 편해질 겁니다. 그리고 자신이 듣지 못한 따스한 말을 아이에게 하는 것만으로도 상처받은 지난날로부터 치유받을 수 있을 것이라 생각합니다.

03

내 아이만 키우기
어려운 것 같다는 생각

아이의 낯선 행동을
마주한 부모

"얘가 도대체 왜 이러는지 모르겠어요."

코로나 이후 소아정신과 전문의들은 이러한 부모의 호소를 많이 듣는다고 해요. 진료 예약 또한 이전에 비해 훨씬 많아졌다고 입을 모읍니다. 아이의 이상 행동에 궁금증을 느낀 부모님들의 상담 예약이 끊이질 않는 것이죠.

이런 상담 요청으로 대학병원뿐만 아니라 유명한 아동센터들은 연일 문전성시를 이룹니다. 상담 예약이 적게는 수개월, 많게는 수년에 이르기까지 꽉 차 있다고 합니다. 그런데 코로나 이후 왜 이렇게 부모들이 많은 상담 신청을 하는 것일까요?

코로나로 건강뿐만 아니라 가정 내 비상 신호등이 켜졌습니다. 코로나로 인해 가정 내 갈등이 심해지고 불화도 늘었습니다. 육아 예능이나 심리 상담 프로그램이 붐을 일으킨 것도 코로나의 영향이 크다고 생각합니다.

아이들과 24시간 온종일 함께 있는 것은 분명 이전과는 달라진 풍경이지요. 이전에 우리는 아이와 온종일 같이 있지는 않았습니다. 어린이집이나 유치원의 선생님, 학교의 선생님이 일정 시간 동안 아이를 맡아주셨죠. 그리고 저녁에 하원한 아이를 씻기고 밥만 차려주면 됐습니다. 게다가 일을 할 경우에는 하루 중 4~5시간만 아이와 함께하면 됐죠.

그런데 코로나의 여파로 집에서 긴 시간 동안 함께 있다 보니 이전에는 알지 못했던 아이의 낯선 행동을 마주하게 됐습니다. 이전에는 아이가 낯선 행동을 하더라도 어린이집이나 학교에 가면 잊어버리곤 했습니다. 하지만 아이와 온종일 함께 있다 보니 잊어버릴 여유조차 사라졌지요. 낯섦은 불안을 동반하고 조급한 행동으로 이어졌습니다. 아이가 산만한 행동을 하면 'ADHD 아닐까? 상담받으러 가야지' 하고 말이죠. 아이가 코로나 이후 갑작스럽게 달라진 것도 아닌데 말입니다. 아이의 기질이나 성격은 그대로인데, 그것을 받아들이고 해석하는 부모의 관점이 달라진 것이죠.

유명한 정신의학과 의사인 오은영 박사님에 따르면 부모는 아이에 대한 정보, 즉 데이터를 그 누구보다 많이 가지고 있습니다. 그런데 유독 아이가 낯선 행동을 할 때 이것을 조합해서 풀어내지 못한다고 강조합니다. 아이를 너무 사랑하고, 진심으로 잘 키우고 싶기 때문에 불안이 그 것을 가로막는 것이죠. 아이가 왜 이런 행동을 했고 이때 아이를 어떻게 도와줘야 하는가까지 생각을 이어 나가는 것을 많은 부모가 어려워합니다. 그래서 여기저기에 도움을 요청하지요. 우리 아이가 이상한 게 맞는지 봐달라고요. 그렇게 탄생한 프로그램이 바로 「요즘 육아 금쪽같은 내 새끼」입니다.

저 역시 코로나로 아이들과 혹독한 시기를 겪었습니다. 순한 기질을 타고난 아이들인데도 집에 온종일 같이 있는 것은 정말 큰 과제였습니다. 매일이 전쟁이었죠. 나이 터울이 많이 나는데도 먹을 것 하나를 놓고도 싸우고, 또 언제 그랬냐는 듯 화해하는 아이들을 보면서 도통 이해가 안 됐습니다. 원격수업을 하면서 실수를 연발하는 첫째를 보곤 ADHD가 아닌가 진심으로 고민해본 적도 있습니다. 그럴 때면 '나만 육아가 힘들고 우리 아이만 유별나다'는 생각이 불쑥 고개를 내밀었습니다.

내 아이만 유독 예민하고
유별나다는 생각

겪어보니 육아는 참으로 어려운 것 같습니다. 사람이 다른 사람을 키우는 것이니 얼마나 어려운 일인가요. 이건 비단 제 생각만은 아니에요. 지금까지 만난 수많은 전문가들도 같은 말씀을 하셨습니다. '왜 이렇게 어려울까'에 대한 의견은 서로 달랐지만, 힘든 과정이라는 데는 의견이 일치했습니다.

제가 생각하기에는 육아를 나만 겪는 특별한 일이라고 보기 때문인 것 같아요. 요즘은 결혼과 육아가 선택 사항이다 보니 주변에 결혼을 안 하거나 아이 없는 딩크족이 많습니다. 그런 이들을 보면서 '왜 나는 이런 고생을 사서 하지?' 하는 억울한 마음이 들기도 합니다. 말썽 부리지 않는 다른 아이를 보면 우리 아이가 유독 예민하고 특별해서 힘든 거라는 생각에 억울한 마음이 듭니다. 그런데 과연 그럴까요.

천재 물리학자 알버트 아인슈타인Albert Einstein의 부모님도 그가 어렸을 적 걱정을 달고 살기는 마찬가지였습니다. 아인슈타인은 태어날 때부터 다른 아이들보다 머리가 커서 부모가 신체 발육을 걱정했다고 해요. 두 돌이 지나도록 말을 하지 않았고, 네 살이 되어서야 식사를 하다가 처음으로 "앗 뜨거워!" 하고 말문을 열었다고 합니다. 만약 우리가 아인슈타인의 부모였으면 어땠을까요? 속이 타들어가지 않았을까요? 학교에 들어간 이후에도, 선생님 말씀을 제대로 듣지 않고 멍하니 생각에 잠겨 있다가 갑자기 엉뚱한 질문을 던지곤 해서 이상한 아이 취급을 받았습니다. 우리 아이가 아인슈타인 같은 어린 시절을 보냈다면 어땠을까요?

낯선 행동은 우리 아이만 하는 것이 아닙니다. 옆집 아이, 윗집 아이도 마찬가지예요. 다만 우리는 그 아이들과 24시간 함께하지 않아서 모르는 것일 뿐이죠. 옆집 부모와 윗집 부모도 아이의 낯선 행동에 당황해하고 있을 겁니다. 그러니 우리 아이만 유별나다고 생각하거나 너무 심각하게 받아들일 필요 없습니다. 내 아이만이 아니라 모든 아이가 그렇다고 받아들이는 순간, 아이와 함께하는 시간이 좀 더 편해질 것입니다.

아이들은 저마다 독특한 기질과 특성을 타고나기에 행동이나 말투도 서로 다를 수밖에 없습니다. 부모가 아이를 하나의 틀로 바라볼 경우, 거기서 벗어나면 아이는 자칫 이상하고 정상적이지 않게 보일 수 있습니다. 아이의 행동을 자세하게 관찰하되, 낯선 행동을 했다는 이유로 부정적으로 받아들일 필요는 없습니다. 아이는 아직 완성형이 아닙니다. 계속해서 세상을 이해하고 받아들이며 자라고 있으니까요.

교육대기자
TV

부모 - 아이의 마음근육
키우는 비법

w.윤대현

interviewee 윤대현

서울대학교병원 강남센터 정신건강의학과 교수. 『일단 내 마음부터 안 아주세요』 외 다수의 도서를 집필했다.

Q 자녀에게 화가 날 때 어떻게 하면 좋을까?

우선은 참는 게 좋다. 부모의 상황 때문에 감정이 터지는 경우가 많기 때문이다. 어느 정도 시간이 지난 뒤에도 분노가 사라지지 않고 계속 커진 다면 이때는 방법을 고민해야 한다. 자녀에게 분노를 표현할 때는 '이러 한 점은 좋은데, 이러한 점은 고쳐줄 수 있겠니'라는 식의 화법이 효과적 이다. '너는 도대체 왜 그래'라는 식의 표현은 좋지 않다. 우리는 문제 중 심 사고에 익숙하기 때문에 일단 개선해주고 싶은 마음이 크다. 그런데 자녀의 행동은 성격과 밀접할수록 잘 바뀌지 않는다. 안 되는 것보단 장점에 주목하는 게 중요하다. 자녀의 장단점을 파악하고 단점을 없애기보다 긍정적인 것을 증폭시키는 게 효과적인 전략이다.

Q 아이들의 자존감, 어떻게 높이는 게 좋을까?

부모가 자녀를 포용하는 태도가 습관이 되면 자녀 역시 무의식적으로 스스로를 그렇게 대한다. 부모의 자존감이 높으면 자연스럽게 자녀의 자존감 역시 높아지는 것이다. 구체적으로 '열린 질문'을 활용하면 좋다. 열린 질문을 통해 '선택'할 수 있게 되면 상대방은 '배려받는' 느낌이 든다. 대개 부모는 지시적이고 닫힌 질문을 하는 데 익숙하다. 자녀를 효율적으로 도우려는 마음이 크다 보니 그런 것이지만 열린 질문을 하면 보다 효과적으로 자녀를 도울 수 있다. 또 하나, 이때 '반영적 경청'을 하면 그 효과가 더욱 커진다. 아이의 말을 잘 들어주다가 아이가 부모의 의도와 비슷한 말을 하면 슬쩍 부모의 의견을 덧붙이는 것이다. 사람은 누구나 스스로 변했다고 느끼고 싶어 한다. 열린 질문과 반영적 경청을 활용하면 자녀가 저항 없이 부모의 생각을 자기 생각화해서 받아들일 것이다. 이를 동기 부여 소통이라고 한다.

Point　부모의 자존감과 직결되는 아이의 자존감. 질문과 경청으로 키울 수 있다.

CHAPTER 3

완벽

—

세상에 완벽한 부모란 존재하지 않는다

01

아이의 삶을 완벽하게
채워줄 수 있을까

아이를
울리지 말아야 한다는 강박

"울리지 말라."

육아서의 바이블로 불리는 『삐뽀삐뽀 119 소아과』로 유명한 하정훈 소아청소년과 전문의는 요즘 엄마들이 이전보다 육아를 힘들어하는 단적인 예로, 아이를 울리지 말아야 한다는 강박을 들었습니다. 이 사회가 부모에게 '애착'에 대한 부담을 너무 주기 때문에, 이전보다 훨씬 더 부담을 가지고 육아를 한다는 것입니다. 아이를 울리면 큰 문제가 있는 부모라는 인식이 마음의 부담으로 온다는 것이죠.

인터뷰 영상이 공개되고 많은 분들이 공감의 댓글을 달아주셨습니다. '아이가 울면 마음이 너무 불편하다. 주변에서 나를 부족한 엄마로 바라보는 것 같은 시선이 느껴진다', '아이가 조금이라도 울면 시어머니가 난리가 난다', '아이를 울리는 것에 부담을 느끼게 될 줄은, 아이를 낳기 전에는 미처 몰랐다' 등의 의견이 달렸습니다.

확실히 이전보다는 부모가 신경 써야 할 것이 많아졌습니다. 인터넷만 검색해봐도 '아이가 몇 세에는 뭐를 해야 한다', '몇 세 때는 ○○을 완성하라'는 내용이 끝도 없이 나옵니다. 하정훈 원장님은 아이에게 해줘야 하는 것에 집중하다 보니 가정이 부모가 아닌 아이 위주로 돌아가게 되었다고 지적합니다. 그래서 이전보다 한 가정에서 양육하는 아이가 훨씬 적음에도 불구하고 육아가 더욱 어려워지는 아이러니가 생겼다는 거죠.

아이를 울리지 말아야 한다는 강박에 시달리면, 울음을 그치지 않는 아이를 보며 무슨 문제가 있는 것은 아닌지 불안에 시달리게 됩니다. 아이를 울리지 않기 위한 방법을 찾기도 하고, 무슨 문제가 있는 건 아닌지 주변에 물어보기도 하죠. 아이가 울 때마다 울음을 멈추기 위해 여러 가지 시도를 합니다. 특히 빠르게 통하는 방법을요. 그러다 보면 아이를 울리지 않는 것을 완벽하게 아이를 잘 돌보는 기준으로 착각하게 됩니다.

그런데 과연 울리지 않고 아이가 해달라고 하는 대로 다 해주는 것이 정답일까요. 차근히 따져봅시다. 아이가 울 때마다 즉시 달래주면, 이런 행동을 지속적으로 해야 합니다. 아이 입장에서도 생각해볼게요. 아이는 스스로 울음을 그친 것이 아니라 누군가에 의해 울음을 그친 것이죠.

즉, 스스로 울음도 못 그친 아이가 되는 것입니다. 어렸을 때 이러한 경험이 누적되면 '스스로 무엇도 하지 못하는 아이', '자기 주도성이 없는 아이'가 될 위험이 큽니다.

세상에 완벽한
부모는 없다

늘 최선을 다해 아이에게 완벽한 상태를 만들어주고 싶은 것이 부모의 마음입니다. 그리고 요즘은 거의 한두 명의 자녀만 양육하기 때문에 더욱더 최고의 환경을 마련해주고 싶어 하죠. 하지만 그로 인해 아이가 혼자서 해내야 하는, 앞으로 인생을 살아가기 위해 반드시 필요한 과정을 간과하곤 합니다.

자녀 양육의 정답을 찾는 엄마들의 심리를 보면 아이를 잘 키우고 싶은 마음도 있지만, 시행착오 없이 완벽한 결과를 만들어내려는 욕심이 앞서는 경우도 있습니다. 이런 경우, 스스로 만드는 부담감 때문에 육아가 더 어려워집니다. 이런 부모는 아이가 직접 생각하고 결정할 수 있도록 기다려주지 않습니다.

저 역시 마찬가지였습니다. 늘 바쁜 일상에 시달리다가 오랜만에 멋진 엄마 역할을 하고 싶어서 일찍 퇴근해 밥을 했습니다. 그런데 그날따라 아이들은 노는 데 혈안이 돼 있었어요. 정성 들여 밥상을 차리고, 아이에게 와서 밥을 먹으라고 했죠. 그런데 첫째가 5분만 놀다가 밥을 먹으면 안 되냐며 떼를 썼습니다. 국이 식으니 안 된다고 하자 그러면 반려동물인 거북이에게 먼저 밥을 주고 먹으면 안 되겠냐고 하더군요. 제 말을 바로 따르지 않고 연거푸 다른 의견을 말하는 아이의 행동이 못마땅해 또다시 안 된다고 했습니다. "엄마가 너를 위해 한 시간이나 일찍 와서 맛있게 밥을 차렸으면 감사히 밥부터 먹어야지 노는 게 뭐가 중요해!"라고 말이죠. 그러자 아이가 "엄마, 나는 더 놀고 싶은데, 엄마 미워. 나빠"라고 하면서 서운함을 잔뜩 담아서 강하게 말했습니다. 저 역시 아이에게 화를 잔뜩 내며 안 좋은 감정을 쏟아냈습니다.

그렇게 서로 감정이 안 좋은 채 저녁 시간을 보내고 잠자리에 누웠는데, 아이의 실망한 표정이 내내 생각났습니다. 아이 스스로 감정을 다스리기까지 지켜보지 못한 제 모습도 떠올랐습니다. 제 말에 순종하며 맛있게 저녁을 먹는 모습을 정답으로 생각한 것은 아닌지 반성하며 식사 시간에 있었던 일들을 반추했습니다.

문제는 저의 자존심이었습니다. 정성 들여 차린 밥상을 무시하는 것 같아 아이를 혼냈고, 거기서 끝내지 못하고 훈계까지 늘어놨죠. 그러면서 저는 죄책감을 느꼈습니다. 아이한테 화를 내면서 그 감정은 더욱 커졌고, 워킹맘으로서 평소 가졌던 죄책감까지 더해졌죠. 이를 떨쳐내기 위해 아이를 더욱 혼냈습니다. 제게 고마운 마음을 갖게 하려고 아이가 자신의 마음을 솔직하게 표현할 기회를 빼앗은 것이지요.

이 세상의 그 어떤 부모도 아이를 키우는 일에 완벽할 수 없습니다. 누구나 부모로서 실수하고 시행착오도 겪죠. 아이 역시 그렇습니다. 중요한 것은 그것이 자연스럽고 당연한 과정이라는 것입니다. 이를 인정할 때 완벽이라는 부담에서 벗어날 수 있습니다. 그리고 과정을 그 자체로 즐길 수 있습니다.

부모에게 완벽한 것이
아이에게는 그렇지 못한 것일 수도 있다

제자들을 대상으로 경제에 관한 교육을 하고 그 과정을 「세금 내는 아이들」이라는 유튜브 채널에 공개하는 옥효진 선생님을 인터뷰한 적이 있습니다. 선생님께 부모님이 해서는 안 되는 행동을 한 가지만 꼽아달라고 말하자, 절대 아이에게 카드를 줘서는 안 된다고 강조했습니다.

"많은 부모님이 아이가 편의점에서 간식을 사먹거나 필요한
순간에 편히 사용할 수 있도록 체크카드를 충전해서 주십니다.
그런데 이럴 경우, 아이는 자칫 돈의 가치를 깨닫지 못하고
무분별한 소비 습관이 들 수 있어요. 그리고 그것은 아이들의
무의식에 남아 성인이 돼서도 그렇게 행동하게 됩니다.
그보다는 필요한 순간에 쓸 수 있도록 용돈을 주시거나
현금을 주는 것이 좋아요."

아이를 편하게 해주는 것, 완벽한 환경을 제공하는 것이 오히려 좋지 않은 결과를 낳는 경우가 있습니다. 그리고 부모에게 완벽한 것이 아이에게는 그렇지 못한 경우도 있죠. 그러니 부담을 내려놓으세요. 인생이 그러하듯 아이를 키우는 데도 완벽한 것은 없습니다. '완벽함'을 목표로 하다가는 지치기 쉽습니다. 완벽하지 못하면 불만족스럽고 후회할 수도 있죠. 자녀교육과 관련해서는 완벽함이라는 단어를 잊어도 좋습니다. 우리는 그저 아이에게 완전한 부모이고, 아이는 부모에게 완전한 존재이기만 하면 됩니다. 그 판단은 부모가 혼자 하는 것이 아니라 아이들과 같이 하는 것입니다. 반드시 아이들이 판단할 수 있도록 기회를 주어야 합니다.

02

우리나라 부모들에게
사교육비가 갖는 의미

남에게 등 떠밀리듯
사교육비를 쓰고 마는 부모들

내 아이에게 최고의 환경을 제공해주고 싶은 것은 모든 부모의 바람입니다. 자신이 누리지 못해 내내 아쉬웠던 경험을, 우리 아이만큼은 하지 않았으면 하는 마음이죠. 아이가 자신보다 부족하게 살기를 바라는 부모는 단연코 없을 것입니다. 그래서 어릴 때부터 더 많은 것을 해주고 싶어 하죠.

자본주의 사회에서 돈은 기회비용을 낳습니다. 대개 기회비용이란 선택하지 않은 대안들 중 최선책에 대한 비용과 선택하는 데 따라 발생한 비용의 합계를 의미하죠. 즉, 내가 어떤 것을 선택해 소비함으로써 놓친 것들의 합이라고 할 수 있습니다. 합리적인 소비는 그 기회비용을 고려해 결정해야 하는데, 사교육비는 그런 면에서 다른 소비와 달라도 너무 다른 양상을 보입니다. 사교육비는 당연히 써야 하는 것, 식비 같은 기초 생활비로 생각하는 경향이 있어요. 그렇게 맹목적으로 지출하는 기간이 길어지면서 부모들은 아이들의 성적이 잘 나오길 기대하게 됩니다.

저는 우리나라에서 사교육비가 갖는 의미가 크다고 생각합니다. 주변을 둘러보면서 아이에 대한 태도가 눈에 띄게 바뀌는 계기가 사교육비에 대한 부담이 아닐까 하는 생각이 듭니다. 사교육비를 감당하기 어려울 때, 사교육비의 효과가 만족스럽지 않을 때, 부모는 답답한 마음을 아이들에게 쏟아내게 됩니다.

월소득 400만 원을 버는 가정이 있다고 가정해봅시다. 첫째와 둘째에게 50만 원씩 학원비를 쓴다고 해봅시다(실제로는 더 쓰는 경우가 많지만요). 그럼 월소득의 25퍼센트를 아이의 학원비로 지출하는 것이죠. 아이의 학비와 용돈, 식비 등을 생각하면 이 가정은 재테크는커녕 매달 생활비도 빠듯할 것입니다. 그리고 사교육비는 한 번 지출하기 시작하면 매달 고정화되고 점점 확대된다는 특징이 있어요. 그럼에도 불구하고 아이를 위해서 이 정도의 돈, 이 정도의 희생은 감수해야 한다고 생각합니다.

온종일 열심히 일해도 아이 학비와 사교육비를 감당하고 나면 남는 돈이 없습니다. 문제는 시간이 지난 이후, 부모의 기회비용을 생각해볼 때입니다. 재테크 열풍에 휩싸인 우리나라에서 코인이나 부동산에 투자해 수십억 원을 번 사람의 이야기를 들으면, 마땅한 노후자금조차 마련하지 못한 상황이 억울해집니다.

이는 분명히 우리 부모 세대와는 달라진 모습입니다. 한국교육개발원이 2022년 5월 발표한 「교육에 대한 국민 의식과 미래 교육 정책의 방향」 보고서를 보면, 자녀 사교육에 지출하는 비용이 '부담된다'고 응답한 비율이 2001년 81.5퍼센트에서 2020년 94.3퍼센트로 늘어났죠. 반면 '부담되지 않는다'는 응답은 7.9퍼센트에서 3.9퍼센트로, '과외를 하지 않는다'는 응답은 10.5퍼센트에서 1.9퍼센트로 급감했습니다.

이에 대해 연구진은 "우리나라 유초중고 학생을 둔 가계는 대부분 사교육에 참여하고 있으며, 이에 지출하는 사교육비는 경제적으로 부담되는 수준임을 확인했다"고 분석했죠. 눈여겨봐야 할 점은, 부모가 자녀에게 사교육을 시키는 가장 큰 이유가 20년간 동일하다는 거예요. 2001년, 2021년 조사에서 모두 '남들이 하니까 심리적으로 불안하기 때문에'를 가장 큰 이유로 꼽았어요(2001년 30.5퍼센트, 2021년 24.3퍼센트). 2021년 조사 선택지에는 2001년 조사에 없던 '남들보다 앞서 나가게 하기 위해서'라는 이유가 추가됐는데, 이를 꼽은 학부모도 23.4퍼센트에 달했어요. 다른 사람을 의식한 불안과 경쟁심리 등으로 인해 절반에 가까운 학부모가 사교육을 시키고 있는 셈입니다.

여러 가지를 고려해서 합리적으로 결정한 것이 아니라 남들에게 떠밀려 눈치 보며 선택한, 그것도 가정형편에 부담되는 사교육이 비용 대비 효과적일 리 없습니다.

사교육비는 아이 교육을 위해
무조건 써야 하는 것이 아니다

비용 대비 낮은 성과에 실망한 부모가 하는 행동은 아이를 쪼아대는 것입니다. 수십만 원을 들여 학원을 보내고 나면 그만한 효과를 얻어야 할 것 같아서, 아니 손해를 덜 보기 위해서 아이를 쪼아대기 시작하죠. 이렇게 뼈 빠지게 뒷바라지를 해줬으니 네가 어느 정도는 해줘야 하는 거 아니냐고 말하면서요. "이 학원이 얼마짜리인데 그렇게 설렁설렁 다니는 거야?"라고 말이죠.

그런데 이때 부모가 놓치는 것이 있습니다. 과연 우리 아이들이 이것을 원했느냐 하는 것이죠. 물론 초등 시기에는 아이가 그런 선택을 내릴 만한 주관이 아직 형성되지 않았을 수도 있습니다. 그리고 학원을 좋아하는 아이는 많지 않기에 아이가 원하는 대로 모두 해줄 수도 없습니다. 하지만 아이에게 사교육을 무조건 많이 시켜야 한다는 것은 분명 잘못된 생각입니다. 그것보다 우선 아이의 학습 상태를 정확히 알아야 합니다. 그래야 어떤 점을 보완해야 할지, 이를 위해 가장 효과적인 방법은 무엇인지 떠올릴 수 있습니다.

예를 들어, 아이가 수학 시험에서 70점을 받았다고 가정해볼게요. 성적이 마뜩지 않은 부모는 바로 수학 학원에 보낼 겁니다. 하지만 틀린 문제가 서술형 문제라면 이야기가 달라집니다. 단순한 계산 문제는 잘 풀지만 긴 서술형 문제를 이해하지 못해서 틀렸다면, 아이의 문해력부터 살펴봐야 합니다. 현재 아이가 부족한 부분은 '문해력'인데 수학 학원만 줄기차게 보낸다면 아이는 수학을 더 싫어하거나 더 못하게 될 가능성이 큽니다.

또한, 아이가 영재학교나 과학고를 지원할 실력이 아닌데도 대비반에 보내거나, 논술 전형이 축소된다는 입시 정보를 모른 채 논술 학원에 일찍부터 보내는 것이나, 수능 영어 영역을 대비하겠다고 텝스나 토플을 준비하는 것은 시간 낭비에 지나지 않습니다.

아이와 상의해서 학원에 보냈더라도 가정의 경제 상황에 무리다 싶으면 아이에게 솔직히 말해야 합니다. 우리는 학원비는 당연히 써야 하는 것 아니냐며 학원비를 너무 쉽게 생각하는 경향이 있습니다. 하지만 사교육비는 효과적이라고 느낄 때 써야 합니다. 공교육에서 부족한 부분이 있거나 혼자 공부하기 어려울 때, 또는 부모가 도와주기 힘들 때만 써야 합니다. 그리고 요즘은 인터넷 강의나 유튜브 무료 강의 등 사교육비를 효과적으로 줄일 수 있는 방법이 많습니다.

사교육이 내 아이에게
꼭 맞는 옷인지 생각해볼 것

제가 현장에서 경험한 바로는 초등학교 고학년부터 중학교 때 사교육비를 가장 많이 지출합니다. 매년 조사하는 사교육비 현황에서도 나타나는 사실입니다. 지난 3월 교육부가 발표한 「초중고 사교육비 현황」에 따르면 초등학교의 사교육비 총액은 10조 5000억 원으로 전년 대비 38.3퍼센트나 늘어났습니다. 중학교는 6조 3000억 원으로 전년 대비 17퍼센트 늘었죠. 반면 고등학생은 6조 5000억 원으로 전년 대비 3퍼센트 늘어나는 데 불과했습니다. 일찍부터 사교육을 하면 대입에 좀 더 잘 대비할 수 있다는 기대감으로, 초등학교 때 사교육을 많이 하는 것이죠. 그렇게 중학교 때까지 맹목적으로 투자하다가 현실을 깨닫는 순간이 바로 고등학교 1학년 때입니다. 고등학교 때부터는 전국 지표가 나오기 때문에 현실을 깨닫게 되고, 사교육의 효과를 떠올리며 소비하게 되죠.

하지만 그전에도 이를 알아볼 수 있는 때는 충분히 있습니다. 중학교 1학년까지는 자유학년제라 시험을 보지 않지만, 이후에는 절대평가가 적용돼 90점 이상이면 1등급을 받습니다. 많은 부모들이 아이가 알아서 잘하고 있겠거니 믿고 학원을 여기저기 보내는데, 이처럼 중학교 때도 충분히 아이의 실력을 확인할 수 있습니다.

고등학교에서 10여 년 근무하다가 중학교로 온 선생님을 인터뷰한 적이 있습니다. 그 선생님은 성적이 매겨지지 않을 때도 아이들은 다들 본인 실력을 충분히 자각하고 있다고 말했습니다. 수행평가를 하면서 선생님이 직접적으로 피드백을 주시기 때문입니다. 그러니 아이들은 이미 자신의 실력을 알고 있습니다. 1등급을 받더라도 자신이 2등급에 가까운 1등급인지 아닌지를 말이죠. 아이와 자세히 대화하기만 해봐도 아이의 학습 상태를 파악할 수 있는데, 부모는 그것을 '믿음'이나 '막연한 기대'를 이유로 놓치는 경우가 많습니다.

초등학교도 마찬가지입니다. 『초3보다 중요한 학년은 없습니다』의 저자 이상학 초등교사는 교과서만 살펴봐도 아이의 학습 상황을 알 수 있다고 강조합니다. 그리고 초등학교 고학년만 되어도 반에서 3분의 1 정도만 집중하고 3분의 2는 학습에 흥미가 없거나 딴짓을 한다고 지적합니다. 그것을 적나라하게 보여주는 것이 교과서인데, 많은 학부모가 아이들의 교과서조차 제대로 보지 않는다고 안타까워했습니다.

우리가 사교육비를 쏟아붓는 이유는 무엇일까요. 아이가 학습을 좀 더 효과적으로 할 수 있도록 돕기 위해서 아닌가요. 그러려면 아이의 학습 상태를 정확히 파악하고 사교육이 아이에게 맞는 옷인지 반드시 미리 확인해야 합니다. 아니면 헛된 기대를 하고 아이를 다그치게 됩니다.

우리나라에 사교육 안 하는 아이가 있느냐, 남들 다 하니까 우리 아이도 어쩔 수 없이 하는 거라고 말씀하실 수도 있을 거예요. 물론 많은 아이들이 사교육을 활용합니다. 그렇지만 모두 다 효과를 누리는 것은 아니에요. 사교육 없이 좋은 대학에 들어간 학생도 있고, 사교육을 많이 해도 성과를 못 낸 아이도 있다는 것을 명심해야 합니다.

또한 사교육의 효과를 체감하는 것은 부모가 아닌 '아이'라는 점을 인지해야 합니다. 내 아이를 최고로 키워야겠다는 생각으로 사교육비를 무조건적으로 쏟아부으면 욕심이 앞을 가릴 수밖에 없습니다. 아니면 내내 '희생'이라는 단어가 따라올 것입니다. 그리고 아이에게 희생이라는 단어를 적용하는 순간, 아이와 부모 모두 행복해질 수 없습니다. 그렇게 해서 아이가 원하는 대학에 합격하면 '너를 최고로 만들기 위해 내가 이만큼 돈을 투자했으니 희생에 대해 보상하라'고 요구하실 건가요. 반대로 아이가 대입에 실패하면 '이렇게 희생했는데 보답을 못 했으니 책임지라'고 하실 건가요. 둘 다 해서는 안 된다고 생각한다면 사교육은 최소한으로 하되, 시작했다면 욕심을 거두고 아이가 판단하도록 도와주세요.

03

돈, 시간 낭비 없이
사교육을 활용하는 노하우

사교육비 지출,
정확한 예산을 잡아둘 것

우리는 사교육에 대해 합리적인 소비를 해야 합니다. 그리고 사교육비를 어떻게 쓰느냐가 아니라 얼마나 줄이느냐에 포커스를 두고 고민해야 합니다. 사교육비에 대해 부담이 큰 상황까지는 가지 않아야 부모와 아이 모두 행복할 수 있습니다. 소위 대치동을 비롯해 학군지 키즈 중에 학원을 많이 다녀서 성공한 사례도 분명 있습니다. 그런데 그렇게 해서 명문대에 합격한 학생들을 만나보면 대부분 학창 시절을 힘든 기억으로 떠올리는 경우가 많습니다. 또한 사교육에 열을 올린 부모님에 대해 부정적으로 인식하고 원망하기도 하였습니다. 그러니 당장 지금만 생각하며 사교육비를 지나치게 많이 쓰지 마세요.

사교육비는 어떻게 줄일 수 있을까요. 우선 사교육비를 쓰기 전에 새해, 매달마다 예산 범위를 반드시 잡아야 합니다. 예산을 정확히 잡지 않으면 어느 정도 비용이 드는지 제대로 감을 잡지 못하고, 기준 없이 돈을 쓸 수 있기 때문이죠. 재테크를 포함해서 저축비부터 먼저 잡고 나머지 비용 내에서 다른 고정비용과 함께 사교육비 지출을 고려해보세요. 사교육비는 고정비용이 아닌 가변비용으로 생각하시고요. 분기별로 그것을 검증하고 언제든 변동할 수 있는 비용으로 생각하셨으면 합니다.

우선, 예체능과 같이 반드시 학원에 다녀야만 배울 수 있는 과목도 있습니다. 엄마가 가르치는 것에는 한계가 있기 때문입니다. 그럴 경우에도 반드시 예산 안에서 움직이세요. 예체능은 주요 교과 이외에 추가로 다니기 때문에 한 과목만 다니기를 추천합니다. 아이가 다니고 싶은 과목을 선택하여 3개월마다 아이의 흥미와 반응, 선생님의 피드백을 바탕으로 평가해보세요. 그렇게 한 후 맞지 않으면 다른 것으로 바꾸는 것이죠. 여러 개를 거쳐서 배우는 과정에서 아이의 특기와 적성에 맞는 과목을 고르고, 그 학원에 쭉 다니는 것입니다. 그리고 예체능은 굳이 학원이 아니어도 구청이나 청소년 기관, 방과후 학교 등에서 저렴하게 하는 프로그램 또한 많습니다. 시중 학원의 2분의 1, 3분의 1 비용으로도 원하는 수업을 수강할 수 있습니다. 저희 첫째는 집 근처의 청소년 센터에서 서예를 배웠어요. 한 달에 4번 3개월에 12만 원짜리 수업을 들었는데 정말 좋았습니다.

주변에 어떤 프로그램이 있는지 모르겠다고요? 구청 홈페이지를 활용해보세요. 홈페이지의 복지(청소년, 육아) 코너나 교육 코너에 구 내 청소년 기관, 교육 기관 홈페이지가 자세히 안내돼 있어요. 구청에서 정기적으로 발행하는 소식지를 참고하면 좀 더 효율적입니다.

큰돈을 쓰지 않아도
충분히 사교육 혜택을 누릴 수 있다

다음으로는 사교육의 대체제가 있는지 살펴보는 것입니다. 요즘은 학원이 아니어도 배울 수 있는 다양한 창구, 플랫폼이 많이 존재합니다. 예를 들어 아이에게 수학과 영어 과목의 사교육을 시키고자 할 때, 꼭 학원을 가야만 배울 수 있는 것이 아닙니다. 좀 더 저렴하게 배울 수 있는 창구가 무궁무진합니다. 대표적으로 인터넷 강의를 활용할 수 있죠. 학년별로 과목별로 수준별로 맞춤식으로 접근해서 학습을 도와줍니다. 선생님과 소통할 수 있는 피드백 시스템이 많이 보완되었고, 평가도 자주 이뤄집니다. 특히 영어 과목은 화상영어 수업이나, 해외에서 무료로 운영하는 교육 사이트 또는 유튜브만으로도 배울 수 있습니다. 그렇게 대안을 찾으시면 됩니다. EBS 강의도 양질의 콘텐츠를 제공하고 있고, 과목도 다양해요. 요즘은 애플리케이션을 통해 선생님과의 비대면 일대일 과외를 저렴하게 하는 경우도 있습니다.

자녀가 초등학생이라면 인터넷 강의를 적극적으로 활용해보세요. 비단 학원비가 저렴하다는 이유뿐만 아니라, 아이들의 학습 상황을 고려했을 때 초등학교 때부터 인터넷 강의와 친해지는 연습을 하는 편이 좋습니다. 코로나 이후 줌 수업이 크게 늘었어요. 코로나는 잠잠해졌지만, 이제는 온라인으로 공부하는 환경이 더욱 많아질 것입니다. 앞으로 어떤 변수가 다시 일어날지 모르니 온라인 학습과 인터넷 강의를 잘 활용하면서 미래를 대비하고, 시간과 장소에 구애받지 않고 공부하는 능력을 키우면 좋겠습니다. 요즘에는 현장 강의보다 인터넷 강의가 훨씬 편하다는 학생들도 많습니다.

2023학년도 수능 만점자들도 인터넷 강의를 적극적으로 활용했다고 언급했습니다. 울산 현대청운고 권하은 양과 경북 포항제철고 최수혁 군은 코로나로 대면 수업이 원활하지 않은 상황에서 인터넷 강의를 활용했으며, 혼자 이해하기 어려운 부분을 보완했다고 밝혔습니다.

인터넷 강의를 더 잘 활용하는 아이들이 더욱 합리적으로 공부하는 시대입니다. 인터넷 강의 효과를 극대화하기 위해서는 적절한 코칭을 해서 아이가 잘 적응할 수 있도록 도와줘야 합니다. 인터넷 강의의 자유로운 속성을 믿고 아이에게 전적으로 맡겨서는 안 됩니다. 이때 가장 중요한 것은 인터넷 강의에 집중하기 위한 환경을 조성해주는 거예요. 부모의 시선이 닿는 범위, 하지만 아이가 너무 부담을 느끼지 않을 거리에서 인터넷 강의를 들을 수 있도록 꾸며주는 것이 좋습니다. 저는 아이의 방에 컴퓨터를 놓지 말고 거실에 놓기를 추천하는 편입니다.

인터넷 강의의 최대 단점이 과제 관리가 제대로 되지 않는다는 것입니다. 수업을 듣기만 하고 이해 여부를 확인하는 강제성이 없기 때문에, 한 귀로 듣고 한 귀로 흘릴 수 있죠. 흘러가는 영상을 시청하기만 해서는 내용을 자신의 것으로 절대 만들 수 없습니다. 공부는 다른 사람이 대신 해주는 것이 아닐뿐더러, 기억력에는 한계가 있기 때문이죠. 수업이 시작되기 직전 단 5분만이라도 교재를 훑어보는 등 짧은 예습을 하도록 지도하고, 수업 내용에 대해 스스로 정리해보는 복습을 권하세요. 맛보기 강의를 들으면서 아이에게 맞는 강의 선생님을 함께 찾는 것도 좋습니다. 그러면 아이 스스로 인터넷 강의를 효율적으로 활용하는 패턴을 찾을 수 있을 것입니다.

아이의 학원비,
아이에게 비밀로 할 필요가 있을까

마지막으로 아이와 학원비를 공유하는 것도 좋습니다. 아이에게 경제 상황을 알리는 것을 부담스러워하는 부모님이 많습니다. 이런 경우 아이에게 "집안 사정은 신경 쓰지 말고 너는 공부만 해"라고 말합니다. 하지만 그렇게 하면 아이들은 '부모님이 수고하여 번 돈'이라는 인식을 갖기 어렵습니다. 이 비용이 어떤 의미인지를 알려주세요. 초등학생 때부터는 적어도 방학 때마다 가족회의를 해서 사교육비에 대한 현실적인 이야기를 해보세요. 물론, 아이들이 이해할 수 있는 언어로 말이죠. 저는 그 과정이 꼭 필요하다고 생각합니다. 요즘은 부모님이 신용카드로 학원비를 자동 납부하는 경우가 많아서, 아이들은 학원비가 얼마나 드는지, 부모님이 얼마나 버시는지, 우리 집 형편이 어떤지를 잘 모르는 경우가 많아요. 학원비의 액수 정도는 공유해주셔야 합니다.

"엄마가 대략 어느 정도 돈을 버는데 학원비가 얼마만큼 나가고 있어. 엄마, 아빠는 ○○가 공부하는 것을 도와주고 싶어서 학원을 계속 보내고 싶어. 그래도 엄마, 아빠가 부자는 아니니 공부에 도움이 되지 않는다거나, 다른 방식으로 공부할 자신이 있다거나, 혼자 할 수 있다고 생각하면 엄마, 아빠한테 알려줄래? 엄마랑 다른 방식으로 공부할 수 있는지도 계속 테스트해보자."

이렇게 말이죠. 그리고 무엇보다 비용 대비 효과가 있으려면 관리는 필수입니다. 아이가 숙제를 잘하는지, 수업이 잘 맞는지를 아이와 학원 양쪽에 물어봐야 합니다. 분기별로 체크해서 효과가 없으면 다른 학습 방법을 찾아야 하고요. 숙제가 너무 많거나 다른 일상에 쫓기면 잠시 학원에 양해를 구해서 몇 달 쉬었다가, 아이가 학원 수업을 받아들일 준비가 되었을 때 가는 것도 좋습니다.

무조건 학원을 가야 공부를 한다는 인식을 내려놓으시고, 아이의 학습 상황을 둘러보세요. 요즘은 맞벌이로 인해 학원이 보육 기능도 하고 있습니다. 만약 어쩔 수 없이 학원을 이용한다면 되도록 그 시간을 잘 활용해서 반드시 도움이 되는 학원으로만 보내세요. 그리고 부모와 함께 있을 수 있는 주말에는 사교육을 따로 시키지 않는 것을 제안합니다.

04

부모의 욕심으로
'일관성'을 놓쳐서는 안 된다

엄마와 아빠의 다른 태도는
아이에게 대혼란을 불러일으킨다

부모를 대상으로 한 강연이나 입시 설명회에 갈 일이 종종 있습니다. 이전과 눈에 띄게 달라진 점이 있어요. 바로 아빠의 등장입니다. 2000년대 초반까지만 해도 아이 교육은 엄마의 전유물이었죠. 이런 농담도 있었잖아요. 아이가 입시에 성공하기 위해서는 세 가지가 필요하다고. 할아버지의 재력, 엄마의 정보력, 아빠의 무관심! 그 정도로 적극적인 엄마에 비해 아빠는 늘 2인자이자 보조자였습니다. 그런데 2010년대 이후부터는 달라졌어요. 교육 현장에 방관자이자 투자자였던 아빠들이 등장하기 시작했죠. 자녀교육에 관심을 갖는 아빠들이 크게 늘었습니다.

이제 부모 강연이나 입시 설명회에 가보면 대략 열 명 중 두 명 이상은 아빠일 정도입니다. 정말 반가운 일이 아닐 수 없어요. 실세로 요즘 입시는 온가족이 한마음으로 힘을 모아야 유리하기 때문에 아빠도 반드시 관심을 가져야 합니다.

문제는 갑자기 등장한 아빠와 그간 자녀교육에서 절대적인 역할을 했던 엄마의 역할 분담이 원활히 이뤄지지 않는다는 점입니다. 엄마의 역할을 어디서부터 어떻게 나눠야 할지 몰라 곳곳에서 불협화음이 일고 있습니다. 게다가 아빠들이 자녀교육에 관심을 갖고 노력을 기울이다가도 아이에게 무슨 일이 생기면 엄마에게 더 많은 책임을 부여하는 경우도 많지요.

최근에 한 IT 기업에서 강연을 했습니다. 사내 어린이집에 아이를 보내는 임직원들을 대상으로 한 부모 교육 특강이었죠. 그날도 자리의 과반수 정도를 아빠들이 메웠습니다. '행복한 아이로 키우는 자녀교육'이라는 주제로 사전에 질문을 받고 답변하는 형식으로 특강을 진행했습니다. 그런데 질문 중 상당수가 아빠와 엄마의 육아관이 달라서 갈등을 빚는데 어떻게 해결하면 좋을지 답답하다는 내용이었습니다. 구체적인 내용은 이랬죠. 아빠는 허용적이고 엄마는 통제적일 때 어떻게 해야 할지, 공부에 대해 엄마는 적극적인 반면 아빠는 천천히 시켜도 된다는 입장인데 어떻게 해야 할지, 자녀교육관이 너무 다른데 아이가 커가면서 싸움이 잦아질까 봐 벌써부터 걱정된다는 의견도 있었죠.

아빠와 엄마가 서로 다른 교육관을 갖고 있다면 그 사이에서 아이는 혼란스러울 수밖에 없습니다. 특히 훈육의 순간, 어려움을 느낄 수밖에 없죠. 어제는 거실에서 뛰지 말라고 했다가 오늘은 실내에서 뛰지 말라고 혼을 내면 아이는 어떤 것을 따라야 할지 판단하기 어렵습니다.

저는 아이를 키울 때 부모의 교육관이나 교육 철학이 무엇이냐보다 그것이 일치하는지가 더 중요하다고 생각합니다. 아빠와 엄마의 양육 철학, 교육 철학이 일치해야 한다는 의미죠. 일관성은 그 무엇보다 중요합니다. 아빠와 함께 있을 때는 허용되는 일이 엄마와 함께 있을 때 금지된다면 아이는 내적으로 갈등을 겪게 됩니다. 거기다가 부모가 혼까지 내면 아이는 부모의 눈치를 살피고, 결국 모든 행동을 의식하게 됩니다.

아이에게 스마트폰을 건네줄 때
부모가 갖춰야 할 태도

부모의 의견이 일치하지 않는 대표적인 경우 중 하나가 '스마트폰 허용'입니다. 엄마는 스마트폰 사용을 금지하는데 아빠는 허용하거나, 엄마는 허용하는데 아빠는 금지하는 경우도 있습니다. 또는 스마트폰을 사용하게 하면서도 아빠는 게임을 허용하는데 엄마는 반대하는 경우도 있죠. 스마트폰은 우리 아이들에게 자신의 분신과도 같을 정도로 중요한 의미를 갖기 때문에, 부모의 일관적인 태도가 무엇보다 중요합니다.

주변에서 스마트폰 때문에 힘들어하는 가정을 정말 많이 봅니다. 어느 순간부터 아이가 스마트폰에 빠져 방 안에서 나오지도 않는다고 말합니다. 평소에는 의욕도 없고 묻는 말에 대답도 잘 안 하다가 스마트폰만 하면 초집중하는 아이 때문에 속이 터진다고요.

전문가들은 스마트폰을 아이에게 처음 허용할 때 부모의 자세가 그 이후의 태도를 결정할 만큼 중요하다고 강조합니다. 스마트폰에 빠지기 전, 제대로 교육을 해야지 나중에는 고치기 어렵다고 입을 모읍니다.

청소년 상담가로 유명한 청소년 담당 현직 경찰관인 서민수 경찰인 재개발원 학교폭력 담임교수는 스마트폰으로 인한 갈등으로 불화를 겪는 가정을 많이 상담해왔습니다. 그가 진단한 원인은 간단합니다. 부모가 아이에게 너무 쉽게 스마트폰을 준다는 것이죠. 그로 인해 어떤 상황이 초래될지 생각하지 못하고, 초등학교에 입학하면 스마트폰을 사준다거나 학년이 높아지면 새로운 것으로 바꿔준다는 것이죠. 그렇게 쉽게 허용하면 아이가 스마트폰 사용하는 것을 너무 쉽게 생각하게 된다고 강조했습니다.

아이들의 스마트폰 사용을 막을 순 없습니다. 학교 수업을 따라가거나 친구들과 연락하기 위해 스마트폰은 필요합니다. 그렇다 보니 언젠가는 당연히 스마트폰을 줄 수밖에 없는 상황에 부딪칠 수밖에 없습니다. 그런데 이때 쉽게 줘서는 안 됩니다. 쉽게 주면 아이는 부모가 쉽게 허용한 물건으로 인식하게 됩니다. 따라서 스마트폰 사용을 허락하기까지 최대한 시간을 끌고 어떻게 계획적으로 사용해야 하는지 알려줘야 합니다. 그런데 이에 대해 부모가 서로 입장이 다르면, 아이는 부모의 메시지를 제대로 받아들일 수 없습니다.

부모는 대화를 통해 서로 양육관과 교육관을 통일해야 합니다. 일치까지는 아니더라도 적어도 서로의 생각을 인정해야 합니다. 충분히 의견을 나누고 논의해서 아이에게는 혼동 없이 전달해야 합니다.

"엄마, 아빠는 네가 스마트폰을 사용하기에는 아직 이르다고 생각해. 아빠는 OO을 많이 사랑해서 스마트폰을 선물해주고 싶다고 하시지만, 엄마는 네가 스마트폰을 잘 사용할 수 있도록 스스로 계획을 세울 수 있을 때 사주는 게 맞는 것 같아. 그만큼 스마트폰은 중요한 물건이거든. 그러니 우리 약속을 하고 잘 지킬 수 있도록 같이 노력해보자" 같은 식으로 말이죠.

부부 사이에는 충분한 대화와
합의가 필요하다

누군가 제게 부모에게 가장 중요한 양육 원칙이 무엇인지 묻는다면 단연 '일관성'이라고 답할 것입니다. 저도 일관성을 유지하기 위해 많이 노력하고 있어요. 제가 교육 정보를 워낙 많이 알긴 하지만, 남편도 아이를 어떻게 키우고 싶다는 자신만의 교육관이 있기에 이것을 합의하는 과정에서 과도기를 겪기도 했습니다.

예를 들어 저는 아이들에게 어느 정도 권위를 갖는 부모가 되기를 바랐지만, 남편은 친구 같은 부모가 되고 싶어 했습니다. 저는 아이들에게 존댓말을 써야 한다고 가르쳤지만, 남편은 친근하고 평등하게 대화하기를 바랐죠. 이렇듯 다른 의견을 지닌 부모 사이에서 아이들이 혼란스러울 것을 염려해 저는 남편과 끊임없이 대화를 했습니다. 각각의 부정적인 측면에 대한 생각을 나누고, 관련 자녀교육서를 함께 읽기도 했죠. 마치 이사를 하거나 소비 계획을 세우는 것처럼 공부하고 의견을 나눴습니다. 아이를 키우는 것이 그 무엇보다 훨씬 중요하기 때문이죠. 제가 많이 안다고 일방적으로 남편을 설득하는 게 아니라 남편의 의견도 많이 받아들였습니다.

아이를 누구보다 사랑하지만 관점에 따라 의견이 다를 수 있음을 인정하고 상대방을 존중하자 남편도 조금씩 상황을 이해했습니다. 친구 같은 부모가 되는 것을 포기했다기보다는, 부모가 일관성을 놓칠 경우 아이에게 악영향을 준다는 부분에 공감하고 점점 달라지기 시작했습니다.

남편도 저도 부모는 처음이라 부족할 수밖에 없습니다. 그렇기에 더 많이 대화하고 서로 다른 생각들을 감싸주는 노력이 필요한 것이죠. 이때 주의할 점은 상대방의 의견을 무시하거나, 나의 주장이 무조건 옳다는 식으로 접근하면 안 된다는 것입니다. 이런 일이 반복되면 상대방은 아이를 교육하는 데 관심을 줄이거나 책임감을 가지지 않는 문제가 생길 수 있습니다.

05 아이의 단점보다는 장점에 집중할 것

아이에게 올인하기로
결심한 엄마

"정말 걱정되는 아이는 누구인가요?"

2~3년 주기로 교원 연수 프로그램에 참가합니다. 초대를 받기도 하고, 선생님과 소통하고 싶어서 자원하기도 하죠. 몇 년 전 개정 교육 과정에 관한 연수 프로그램에 초대를 받았습니다. 초등, 중등 선생님이 모두 모인 식사 자리에서 다양한 주제로 대화하다가 걱정되는 아이로 주제가 좁혀졌어요. '소통하지 않는 아이', '소극적인 아이', '성적에 민감한 아이' 등 많은 이야기가 오갔습니다. 그런데 그때 한 선생님이 '엄마가 올인해서 키우는 아이'라고 말씀하자 일순간 다른 선생님들도 수

궁한다는 듯 더 이상 다른 유형의 아이들에 대한 이야기가 나오지 않았습니다.

출산 연령이 점점 높아지면서 30대 초중반에 아이를 낳는 가정이 많아졌습니다. 2021년 통계청이 조사한 바에 따르면 첫째 아이를 낳는 시기는 32.6세입니다. 아이를 늦게 갖는 것은 부모에게도 부담입니다. 그래서 한 명 내지는 두 명만 낳는 경우가 대부분이죠. 워킹맘이든 아니든 첫아이를 양육하는 과정은 어려움의 연속입니다. 어린이집이나 유치원 등 기관의 도움을 받는다고 하더라도 절대 쉽지 않습니다. 그렇게 아이를 낳고 정신없는 일상을 보내다 보면 어느덧 부모의 나이는 마흔줄에 접어듭니다.

30대에서 40대로 넘어가면서 앞자리 숫자가 1만 커졌을 뿐인데 사회가 보내는 시선이 너무 달라집니다. 일단 회사에서는 기대치가 높아져요. 부서장으로서의 역할을 요구하는 경우도 많아요. 반대로 회사가 어려움을 겪을 경우, 오래 다닐 수 있을지 없을지 본격적으로 고민하는 시기이기도 하죠. 경제적인 압박도 커집니다. 먹고살기도 어려운데 사회에서는 재테크가 곧 능력이라며 집을 사거나 주식 투자를 하라고 압박을 주죠. 지금껏 제대로 놀지도 못하고 열심히 살아왔는데도 갈수록 커지는 부담감이 목을 졸라옵니다.

가정에서는 어떨까요. 아이가 초등학교에 입학하면 이전과는 다른 고민들이 생깁니다. 얼마나 아이를 잘 먹이고 잘 놀아주는지 같은 양육 고민과는 차원이 다르죠. 그런데 아이에 대한 고민은 회사나 사회에서 느껴지는 고민과 하나 다른 점이 있습니다. 회사나 재테크는 내가 아무리 열심히 해도 그대로 결과가 나오는 게 아니에요. 다른 다양한 외부 요소에 영향을 받습니다. 열심히 해도 성과가 안 나올 수 있어요. 그런데 아이는 부모가 열심히 지원해준 것을 고스란히 받아들이는 것 같은 느낌이 듭니다. 주변을 둘러보면 엄친아와 엄친딸 뒤에는 그들에게 물질적, 정신적 지원을 아끼지 않는 알파맘이 있어요. 하다못해 아이 책가방을 챙겨주거나 숙제라도 봐주기 시작하면 확실히 바로 티가 납니다.

내 마음대로 할 수 있는 것이 없어 허탈함을 느끼는 마흔 즈음, 아이가 유독 눈에 들어오는 것은 바로 이 때문이죠. 그리고 많은 경우, 이렇게 생각합니다. 30대에 그동안 바쁘다는 핑계로 아이를 제대로 돌보지 못했으니 이제부터라도 그동안 못해준 것을 보상할 겸, 아이에게 올인해서 열심히 키워야겠다고 말이죠. 아이 교육은 열심히 노력한 만큼 성과가 나올 것 같다는 믿음으로 아이를 대하기 시작합니다. 이런 현상은 아이가 초등학교에 입학할 때 가장 두드러집니다.

이 시기에 아이들은 아직 자아가 확고하게 형성돼 있지 않기 때문에 부모가 하라는 대로 합니다. 아이에게 부모는 온 세상이자 우주이기 때문이에요. 엄마의 사랑을 잃을까 두려운 아이는 엄마의 말을 잘 따릅니다. 그런 아이를 보며 신이 난 엄마는 자신의 결정을 더욱 확고히 하죠. 아이의 성적이 엄마의 성적이니, 더 열심히 아이에게 올인하기로 말이죠. 맘카페에 가입하고 주변의 알파맘을 찾아가 도움을 구하는 전형적인 과정을 밟습니다.

수많은 심리검사가
아이의 부족한 부분을 예방해줄 수 있을까

저는 '올인'의 반대말은 '실망'이라고 생각해요. 부푼 희망과 기대를 가지고 올인할 때의 마음은 오래 갈 수 없습니다. 기대에 부응하는 아이는 그리 많지 않으니까요. 이때부터 비극이 시작됩니다. 부푼 희망과 기대를 가지고 올인했는데, 아이가 부응하지 못하면 부모는 그것을 보완하기 위해 애를 씁니다. 아이에게 실망에 대한 책임을 묻는 것처럼 말이죠. 부모는 기대한 대로 이뤄지지 않은 원인을 파악하기 위해 혈안이 됩니다.

그로 인한 대표적인 현상으로 유아, 청소년 대상 심리검사의 유행을 꼽을 수 있어요. 주로 대학병원, 아동발달심리센터 등에서 진행하는데, 대학병원의 경우 몇 달치 예약이 찰 정도로 인기가 많죠. 웩슬러 지능검사, TCI 기질 검사 등 종류가 다양한데 가장 인기 있는 것은 풀배터리 검사예요. 풀배터리 검사는 말 그대로 모든 종류의 검사를 종합적으로 하는 것입니다. 웩슬러 지능검사, 다면적 인성 검사, 문장 완성 검사, 그림 검사, 밴더 게슈탈트 검사, 투사 검사, 동적 가족 검사 등 세부 항목이 셀 수 없을 정도죠. 설문지를 작성하는 데만 두 시간 이상 걸리고 상담자와 상담하면 반나절은 꼬박 지나갈 만큼 방대한 검사입니다. 이런 검사를 받기 위해 부모 손에 끌려오는 아이들이 정말 많다고 해요.

한국몰입연구소 한근영 소장님은 예전에는 담당 분야 종사자들 사이에서 쓰이던 '풀배터리'라는 용어가 이제는 엄마들 사이에서도 널리 알려진 용어가 됐다고 말합니다. 그리고 예전과 달라진 점이 있다고 강조했습니다. 예전에는 발달 과정에서 어려움을 겪는 아이들이 치료를 위해 검사를 받았다면, 요즘에는 미리 아이에 대해 알아보고 싶어서 오는 경우가 대부분이라고요. 부족한 부분이 생기는 것을 예방하기 위해 미리 아이의 상태를 파악하려는 부모의 니즈가 반영된 것이죠. 워낙 인기라서 요즘에는 대학병원이나 아동심리발달센터가 아닌 한의원에서 진행하는 경우도 있다고 했습니다. 한근영 소장님은 인터뷰 때 이렇게 말씀하셨어요.

"아이가 책상에 앉아 좀처럼 집중하지 못한다고,
산만하다며 찾아오는 부모가 많습니다. 그런데 이런 경우 대부분
검사 결과가 지극히 정상 수치로 나옵니다. 아이의 지적 능력이
정상인데도 어떻게든 원인을 찾아보려고 검사하는 거죠.
저는 이런 경우, 아이의 컨디션이나 마음 상태가 불안한 것은 아닌지
체크하라고 조언합니다."

물론 심리검사를 받아야 하는 아이들도 있습니다. 불안, 우울, 행동장애같이 누가 봐도 어려움을 겪는 아이들은 당연히 검사하고 치료를 받아야죠. 그러나 무분별한 심리검사는 득보다 실이 많다고 생각합니다. 특히 학습을 좀 더 잘하기 위해 하는 검사들은 위험할 수 있습니다. 웩슬러 지능검사를 예로 들겠습니다. 이 검사는 언어 이해-지각 추론-작

업 기억-처리 속도 등을 바탕으로 아이의 지능을 여러 항목으로 확인합니다. 만약 아이가 다른 능력에 비해 언어 능력이 떨어진다는 조사 결과가 나오면 부모로선 장점보다 단점에 신경이 쓰일 수밖에 없습니다. 그리고 그것을 어떻게든 보완해주기 위해서 전전긍긍하게 되죠. 그것만 보완하면 완벽한 아이가 될 수 있을 것 같은 착각이 들기 때문입니다. 한 소아정신과 전문의는 단점보다 장점을 강조하는 교육을 강조했습니다.

"진료 시간에 발달검사 결과지를 보여드리면 부모님의 시선이 일순간 그래프에서 떨어지는 부분으로 갑니다. 부족한 항목에만 집착하는 거죠. 그런데 장점을 살리는 것이 부족한 부분을 보완하는 것보다 훨씬 더 쉽다는 점을 알아야 합니다. 부족한 부분을 원하는 만큼 보완하는 것은 거의 불가능에 가까워요."

저는 두 아이에게 어떤 검사도 시키지 않았고, 앞으로도 시킬 생각이 없습니다. 검사를 통해 아이의 성향을 좀 더 파악하고 싶다는 생각이 들기도 하지만, 그것을 바탕으로 고정관념을 가지고 아이를 바라보고 싶지 않기 때문입니다. 예를 들어 기질 검사에서 아이가 내향형이며 소심하다는 결과가 나왔다면 '우리 아이가 소심해서 친구들을 못 사귀면 어쩌지?' 하고 걱정하게 될 수 있습니다. 그리고 이런 생각은 어떻게든 해결하려는 마음으로 바뀝니다. '친구들을 사귈 수 있도록 오늘부터 태권도 학원이라도 보내봐야겠다'고 말이죠. 학교 담임 선생님과 상담할 때도 '우리 아이가 소심한데, 그것 때문에 무슨 문제가 있지는 않을까요?'라고 물으며 무슨 일만 있으면 아이의 소심한 성격을 계속 떠올릴 수밖에 없습니다.

누구에게나 단점은 있고,
단점이 있어도 충분히 잘 살아간다

'코끼리 효과'라고 아시나요? 누군가 코끼리를 생각하지 말라는 말을 하면 할수록 코끼리가 더 생각난다는 것이죠. 미국의 인지언어학자 조지 레이코프George Lakoff는 저서 『코끼리는 생각하지 마』에서 "코끼리를 떠올리지 마라"라고 말하는 순간, 이미 머릿속에 '코끼리'라는 프레임이 작동해서 저절로 떠올리게 된다고 강조했어요. 이를 프레임Frame 현상이라고 합니다. 어떤 틀로 현상을 바라본다는 것이죠. 무분별한 심리검사는 아직 성인이 되기도 전인 아이에게 한계를 짓고 틀을 만드는 결과를 빚기 쉽습니다.

30년간 정신건강의학과 전문의로서 엄마들을 상담한 결과를 바탕으로 엄마들의 심리를 분석한 『엄마 심리 수업』에서 윤우상 저자는 엄마들이 투사를 경계해야 한다고 지적했습니다. 무의식에 작용하는 심리학 용어인 '투사'는 자신의 생각이나 감정 또는 문제점 등을 남에게 던져버리는 행위를 말합니다. '이것은 내 것이 아니라 너의 것'이라는 방어기제이지요. 아이가 낯을 가리는 소심한 성격이라며 걱정하는 엄마는 대개 본인 스스로 소심한 경우가 많다고 해요. 아이가 소심한 것은 그저 하나의 '팩트'일 뿐인데, 큰 걱정거리로 다가가죠. 아이 속에 '소심해서 예전에 힘들었던, 대인관계에서 고충을 겪었던 엄마'가 들어가 과잉해석을 하는 겁니다. 아이는 소심함에 대해 어떤 인지도 하지 않고 있는데 엄마가 확대해서 생각하고 거기에 부정적인 감정까지 집어넣는 것이지요.

저자는 그저 아이 성격이 소심한 편이구나 생각하고 문제 삼지 않으면 된다고 강조합니다. 그런데 엄마가 자신의 소심함을 문제시하고 아이에게 덮어씌우며 불안해하고 걱정하는 투사가 나타나면 문제가 시작됩니다. 아이의 소심한 성격을 걱정하는 엄마의 무의식이 확대되면 내 아이는 '문제아'가 되는 거지요. 즉, '우리 아이는 소심한데 험난한 세상을 어떻게 살아가지?' 하는 생각이 듭니다. 여기서 멈추지 않고 '어떻게 하면 고쳐주지?'로 이어지지요. 그때부터 아이의 소심함을 바꿔주려고 애쓰는 엄마가 됩니다. 중요한 것은 이런 엄마의 마음이 아이에게는 해가 된다는 사실입니다. 소심한 아이라고 생각하는 마음은 '문제 있는 아이'라는 엄마의 색안경이 되고, '소심해서 걱정이야' 하는 엄마의 마음이 된다는 거죠. 그렇게 엄마와 아이는 소심함이라는 프레임에 갇혀버리는 것입니다.

아이를 활발하게 만들겠다면서 준비도 안 된 아이를 낯선 경험 속으로 집어넣거나, 늦게 발동 걸리는 아이를 심하게 다그치거나, 혼자 잘 있는 아이를 밖으로 내몰기도 합니다. 그럴수록 아이는 더 주눅이 듭니다. 어디에 가서든 자신감 없고 자존감 떨어지는 아이가 됩니다.

아무리 노력해도 아이의 소심함이 변하지 않으면 엄마는 '문제가 있지만 어쩔 수 없지. 그래도 사랑하는 내 아이잖아' 하는 마음이 들죠. 그런데 저자는 이 마음도 살펴봐야 한다고 말합니다. 이런 엄마의 사랑이 잠재의식에서는 짠한 사랑이 되고, 병든 사랑이 되기 때문이죠.

누구에게나 단점이 있고 장점도 있습니다. 우리 아이에게만 단점이 있는 게 아니에요. 단점이 있어도 누구나 잘 살아갑니다. 내 아이니까 어떻게든 단점을 고쳐주겠다는 생각부터 버려야 합니다. 단점이 고쳐진다고 완벽해질 수 있는 것도 아닙니다. 아이는 그저 존재 자체로 완전체니까요.

교육대기자
TV

학원비 안 날리려면
이렇게 해야 합니다   w.장덕진(대치동장원장)

---

interviewee 장덕진(대치동장원장)

대치동 '스터디PT학원' 대표원장, 유튜브 '대치동장원장'을 운영하며
자기주도학습 노하우에 관한 정보를 제공하고 있다.

**Q 아이가 학원에 다녀도 관리가 되지 않는 경우가 있다고 들었다. 학원에 잘
다닐 수 있도록 부모가 체크해야 할 포인트가 있을까?**

일단 학원 규모가 크면 학생들 출석 관리하는 것부터 문제가 생긴다. 학
원 규모가 작다고 관리가 항상 수월한 것은 아니다. 아이들이 수를 쓰는
경우가 있다. 등록만 하고 사라지거나 갑자기 학교에서 행사가 생겼다
고 말하기도 한다. 출석 체크 앱이 있다고 하더라도 중간에 사라지거나
이탈하는 경우도 있다.

물론, 아이를 처음부터 믿지 않는 것은 위험하다. 부모가 나를 못 믿는다는 생각이 들면 내 마음대로 어느 정도 행동해도 되겠다는 반발심리가 생긴다. 학원에서 공부한 내용 위주로 같이 봐주는 것이 중요한데, 그것을 집요하게 하면 안 된다. 주중에 했던 것을 주말에 같이 좀 보자는 식으로 하면 된다. 어렸을 때부터 이러한 방식이 몸에 배어 있는 게 가장 좋다.

Q 부모 입장에서 학원에 무언가 말하는 것을 부담스러워하는 경우가 많다. 학원에 부모의 생각을 잘 전달할 수 있는 방법이 있을까?

완전 잘못된 방법은 다 끝난 다음에 학원에 연락하는 것이다. 강의가 한 사이클이 끝났는데 중간에 아무 얘기도 없다가, 끝나고 나서야 항의 전화를 하면 어떠한 해결책도 찾을 수가 없다. 결과를 가지고 비판할 생각을 하기보다는, 과정상에서 특히 과정 초입기에 어긋나는 부분이 있다면 학원에 연락을 하는 게 맞다. 아이가 과제를 따라가지 못한다는 생각이 들면, 선생님한테 연락을 해서 합의점을 찾는 게 맞다. 그렇게 하지 않으면 강의가 끝난 뒤에 아이 머릿속에 남는 것이 거의 없을 것이다.

Q 우리 아이가 강의를 잘 따라가지 못하는 것 같으면, 그 학원을 그만둬야 하는 건가?

그럴 경우, 부모님들께 학원을 그만두고 환불받으라는 말씀도 드린다.

학원 강의가 한 달이라고 했을 때 절반 이전에 말하면 50퍼센트 정도 환불을 받을 수 있다. 또는 나머지 기간은 이월 가능하냐고, 복습시킨 다음에 다시 오고 싶다고 학원에 물어봐도 된다. 부모가 아이한테 당분간은 학원 진도를 나가지 말고, 여태 들은 것까지만 전략적으로 복습하자고 이야기하면서 협상을 해보자. 무턱대고 계속 다니는 것은 아이에게도 좋지 않다.

Point 아이를 믿되, 학원에서 공부한 내용을 부모가 같이 봐주면서 관리해야 한다.

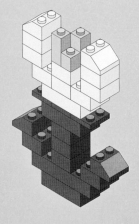

흔들리지 않는 부모에게 반드시 필요한 것

아이를 믿는다는 것은 아이의 존재 가치를
절대적으로 받아들이고
무조건적이어야 함을 잊지 말아야 합니다.

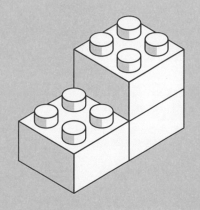

CHAPTER 1.

믿음

—

흔들림 없는 믿음에는 노력이 필요하다

01 아이와의 신뢰는 어떻게 형성되는가?

부모가 아이에게 줘야 할
가장 첫 번째 메시지

"이모, 저 동현이에요."

"응. 동현아, 잘 지냈어? 이모가 맛있는 거 사줄게. 광화문에 놀러오렴."

"이모, ○월 ○일 오전에 시간 좀 내주실 수 있어요?"

"왜? 무슨 일 있어?"

"학교에서 친구랑 싸웠는데, 담임 선생님이 보호자를 모시고 오라고 하셔서요."

"아, 그랬구나. 엄마한테는 말씀드렸어?"

"네. 그런데 엄마가 제 말을 잘 안 믿어주시는 것 같아서요. 이모도 그 날 같이 오시면 좋겠어요."

동현이(가명)는 중학교 동창이자 친한 친구의 아들입니다. 친구가 20대 중반에 결혼해서 바로 낳아 올해 벌써 중학교 3학년이 되었죠. 지금은 바빠서 자주 보지 못하지만 한때 한 달에 한 번은 볼 정도로 자주 만났던 조카 같은 아이입니다. 그러기에 전화를 받고 꽤나 놀라지 않을 수 없었어요. 아이가 학교에서 친구와 싸웠다는 것에도 적잖이 놀랐지만, 엄마가 자신을 믿지 않는다고 말하는 아이의 목소리가 너무 덤덤했기 때문이죠.

제 친구는 자타공인 완벽한 슈퍼우먼입니다. 워킹맘이면서도 아이에게 늘 헌신적이었죠. 외동아들이라서 늘 정성 들여 돌봤고 교육에도 누구 못지않게 열정을 쏟았습니다. 엄마의 사랑을 듬뿍 받은 아이는 만날 때마다 멋지게 잘 자라 있었습니다. 엄마와 상의해서 그렇게 하겠다고 아이에게 말하고 친구한테 전화를 걸었습니다. 친구는 아이가 전화했다는 사실에 꽤나 놀란 눈치였습니다. 사춘기가 되면서 달라진 아이로 인해 힘든 시기를 보내고 있는 듯했죠. 나쁜 친구를 사귀더니 달라졌다거나 공부로 스트레스를 받아서 등과 같은 이유를 찾으며 아이를 돕기 위해 노력하고 있었습니다. 하지만 한편으로는 동현이가 들었을 때 믿음을 느끼지 못할 말들도 종종 내뱉었습니다. 대화 중간에 "믿을 만한 행동을 해야 믿지"라는 말을 툭툭 하는 식으로 말이죠.

우리는 아이를 정말 많이 사랑하지만 아이가 그것을 받아들이지 못하거나 믿지 못하는 순간이 있습니다. 모든 부모가 아이를 자신의 목숨처럼 사랑하고 믿는데도 말이죠. 그렇다면 그 차이, 간극은 왜 생겨나는 것일까요.

부모가 아이한테 줘야 할 메시지 중 가장 첫 번째는 바로 믿음입니다. 믿음을 사전에서 찾아보면, '어떤 사실이나 사람을 믿는 마음'이라고 돼 있습니다. 그런데 곰곰이 따지고 보면 믿는 마음은 지극히 일방적인 감정입니다. 믿는 사람의 입장만 고려한 것이죠. 내가 상대방을 믿으면 믿음 관계가 형성됐다고 생각하기 쉬워요. 실제로 상대방은 다르게 생각할 수도 있지만, 나는 상대방을 믿기 때문에 그렇게 생각하지 못하는 것입니다.

자녀와의 관계에서도 마찬가지예요. 부모는 아이를 사랑하고 믿습니다. 그래서 아이도 그것을 충분히 느끼고 있을 것이라 생각합니다. 하지만 그것은 지극히 부모만의 시각일 수 있어요. 믿는다는 것을 제대로 표현하고 전달하지 않으면, 아이들은 그렇게 생각하지 않을 수도 있습니다.

세브란스병원 소아정신과 전문의 천근아 교수님이 진료실에서 부모에게 가장 많이 하는 말은 "아이를 믿으세요"입니다. 아이의 행동이나 말을 믿지 않아서 문제가 생기는 경우를 많이 봤기 때문입니다. 많은 부모가 아이를 사랑하고 믿지만 의외로 이와 반대되는 행동을 합니다. 그 이유는 여러 가지예요. 아이에게 관용을 베풀면 아이가 그것을 이용하거나, 부모의 머리 꼭대기에 올라갈 거라고 걱정하거나, 아이가 스스로 해결하지 못할 것이라고 생각해 모든 것을 부모가 해결해주는 경우도 있죠. 이런 경험이 쌓이면 아이는 부모가 자신을 사랑하지만 믿지 않는다고 여길 수 있습니다. 아이는 아직 미성숙하기 때문에 부모의 믿음을 체감하지 못하는 경우도 있어요. 따라서 부모-자녀 사이에는 올바른 방식으로 믿음을 줘야 합니다.

저는 그것의 첫 출발로 용어부터 바꿔서 인식해야 한다고 강조하고 싶습니다. 주관적이고 감성적인 '믿음'이 아닌 객관적이고 이성적이며 어떤 상황에서도 흔들리지 않는 '신뢰'라는 표현으로 말이죠. '신뢰'란 믿는 사람의 일방적인 감정이 아니라 둘 사이에 어느 정도 상호 일치하는 감정입니다. 그리고 신뢰는 믿음보다 좀 더 오랜 기간에 걸쳐 만들어지는 특징이 있습니다. 우리는 아이와 신뢰를 쌓아야 합니다. 언제 어느 상황에서도 흔들리지 않고 변함없이 대해야 해요. 그렇다면 우리는 아이를 어떻게 신뢰해야 할까요.

첫 번째, 믿는 것에 조건을 달지 않아야 합니다. 아이를 전폭적으로 믿다가도 어느 순간 아이에게 "네가 믿을 만하게 행동해야 내가 믿지"라거나 "믿게끔 행동해라" 같은 말을 하면 아이는 부모의 믿음이 '조건에 따라 달라지는 것' 또는 '자신의 노력에 따라 달라지는 것'이라고 여기게 됩니다. 그 의도가 아이를 좀 더 강력하게 훈육하고자 하는 마음인 것을 우리는 알지만 아이는 모릅니다. 가장 흔한 예가 성적에 따라 부모의 반응이 달라지는 것입니다. 학교나 학원에서 높은 성적을 받으면 무슨 말을 해도 믿고 성적이 떨어지면 믿지 못하는 것이 대표적입니다.

유초등 시기에 아이의 공부 습관을 잡아주는 것은 여간 힘든 일이 아니에요. 그래서 많은 부모가 아이에게 "네가 공부를 안 해서 대학에 못 가면 많은 사람들이 너를 무시할 거야. 좋은 대학에 가야 사회에서 다른 사람들에게 인정받을 수 있어"라고 조언합니다. 그런데 이 말은 아이의 마음에 두고두고 남아 다른 사람들과의 대인관계에 악영향을 줄 수 있어요. 부모라고 예외는 아니죠. 아이의 있는 그대로의 모습이나 존재가 아니라 성적에 따라 다른 사람의 믿음이 달라질 수 있다는 생각을 공고히 하게 됩니다. 성적이 떨어지면 부모로부터 믿음을 얻지 못한다고 생각하게 되는 거죠.

아이에게 공부를 시키고 싶더라도 신뢰에 영향을 줄 수 있는 말과 행동은 절대 삼가야 합니다. 부모가 아이를 믿는 마음은 성적에 영향을 받는 것이 아니기에 분리해서 아이를 대해야 해요. 아이를 믿는다는 것은 아이의 존재 가치를 절대적으로 받아들이고 무조건적이어야 함을 잊지 말아야 합니다.

잘못된 행동을 혼내기 전에
아이의 마음부터 읽을 것

두 번째, 아이가 힘들어하는 순간일수록 더욱더 아이를 믿어줘야 합니다. 우리는 사회에서 갈등 관계에 놓이거나 예상치 못한 순간에 맞닥뜨리면, 그것의 잘잘못을 가려야 한다고 배웠죠. 누가 잘하고 못했는지 명확하게 가리는 연습도 많이 했습니다. 그래서 그것을 아이의 상황에도 대입하곤 합니다. 아이가 예상치 못한 상황에 놓였을 때 그것의 잘잘못, 옳고 그름을 가리려고 하죠. 그러나 부모는 달라야 합니다. 부모의 역할은 그런 게 아니기 때문이에요. 아이의 잘못된 행동을 혼내거나 잘잘못을 가리기 전에 아이의 행동 이면에 숨겨진 마음부터 읽어야 합니다. 아이가 왜 그런 행동을 했는지, 마음부터 들어줘야 합니다. 잘못했는데도 그냥 놔두라는 얘기가 아닙니다. 일단 아이의 마음을 살피는 것이 더 중요하다는 의미입니다. 잘잘못을 가리는 사람은 너무나 많습니다. 부모가 그중 한 사람이 될 필요는 없습니다.

이런 노력은 아이가 성인이 될 때까지 계속 이어져야 합니다. '이젠 아이가 어느 정도 컸으니 그만 해도 되겠지. 어른처럼 대해야지'라고 생각하는 경우가 있는데, 아이가 독립하기 전까지는 이런 태도가 이어져야 합니다. 아무리 덩치가 크고 고학년이 되었다 할지라도 부모의 보호 아래 있는 동안 아이는 여전히 부모에게 기대고 싶고 사랑과 믿음을 받고 싶어 하는 존재라는 것을 잊어서는 안 됩니다. 그런데 이를 의식하지 못하고 아이 행동의 시시비비를 가리는 행동을 반복하면, 아이는 부모가 자신에게 믿음이 없다고 생각해 반발심을 갖고 오히려 문제행동을 할 위험이 큽니다. 또는 반대로 부모와 안 좋은 관계가 되는 것이 싫어서 중요한 일을 숨기거나 안 좋은 방향으로 순응할 수도 있습니다.

사실 이것은 제 경험에서 나온 교훈입니다. 지난해 첫째 아이의 담임 선생님께 한 통의 전화를 받았어요. 첫째가 다른 아이 체육복 주머니에 돌을 넣었다며, 그 아이의 어머니가 선생님께 지도편달을 부탁했다는 내용이었습니다. 순간 아찔해지면서 아들을 잘못 가르친 것 같아 부끄러운 생각이 들었습니다. 한편으로는 왜 그런 행동을 했는지 아이에게 화가 났습니다. 하교 후 아이에게 자초지종을 따지며 물었습니다. 그러자 아이는 별일이 아니라는 듯이 말했습니다. 이유인즉슨, 그 아이가 체육 시간에 같이 놀자고 했는데, 운동장에 돌로 낙서하며 놀려는 순간 체육 시간이 끝나버려서 다음에 같이 놀자는 의미로 돌을 줬다는 것이었죠. 아이에게 그 돌은 친함의 표시였던 것이었습니다. 부모의 세상과 아이의 세상이 다를 수 있다는 것을 그때 깨달았습니다. 그걸 이해하지 못한 채 아이의 말을 믿지 못하고 무작정 아이를 탓하면, 자신의 세상을 부정당한 아이는 부모가 자신을 믿지 못한다고 생각할 수 있습니다. 그래서 저는 아이에게 친구는 그렇지 않겠지만 친구 엄마는 오해할 수도 있으니 '다음 시간에 같이 놀자'고 말로 표현하라고 알려줬습니다.

저는 아이의 잘잘못을 가리고 싶은 순간이면 아이가 자식이 아니라 손주라고 생각해봅니다. 마냥 아이 편을 들어주는 할머니, 할아버지처럼 말이죠. 너무 비장하게 아이의 행동을 평가하면 아이에게 '믿음'이라는 메시지를 제대로 전해줄 수 없어요. 가수 이적 씨의 어머니이자 자녀교육 멘토로 유명한 박혜란 작가님의 '아이를 잘 키운다는 것'에 대한 메시지를 떠올려볼 필요가 있습니다.

"이만큼 살아보니 아이들을 키우는 시간은 잠깐이더라.
인생에 그토록 재미있고 보람찬 시간은 또다시 오지 않는 것 같더라.
그러니 그렇게 비장하게 결심하지 말고, 신경 바짝 곤두세우지 말고,
그저 마음 편하게 쉽게 재미있게 그 일을 받아들여라."

아이에 대한 믿음을
말과 행동으로 보여주기

세 번째, 부모가 아이 편이라는 것을 반드시 행동으로 보여줘야 합니다.
아이에게는 아직 이심전심이라는 게 통하지 않습니다. 아이가 당연하게
알 거라고 생각하지 말고 말뿐만 아니라 행동으로 보여줘야 합니다.

자녀교육서 『꿈꾸는 엄마가 기적을 만든다』의 저자이자 세 자녀를 명
문대인 하버드대와 보스턴대에 장학생으로 보낸 황경애 씨의 사례를 예
로 들고자 합니다. 그녀는 한국에서 간호사로 일하다가 미국으로 건너
갔습니다. 세 아이를 잘 키우기 위해 낮에는 불철주야 일하고 퇴근 후에
는 오롯이 아이들을 위해서 시간을 보냈습니다. 하지만 형편이 넉넉하
지 않고 동양인인 데다가 영어도 원활하게 하지 못해서 아이들은 학교
생활에 어려움을 많이 겪었답니다. 아이가 문제에 부딪칠 때마다 그녀
는 무조건 아이 입장에서 생각했고 믿어줬습니다. 백인 아이에게 놀림
을 받아 싸우고 온 아들을 본 그녀는 아이에게 어떠한 조언도 하지 않았

습니다. 대신 아이를 데리고 싸운 아이 집으로 무작정 찾아갔죠. 그리고 그 아이의 부모에게 부족한 영어지만 최선을 다해 조리 있게 말하며 따졌습니다.

"당신도 미국 시민이고, 나도 미국 시민입니다. 당신네 조상이 좀 더 일찍 미국에 왔을 뿐이에요. 똑같은 미국 시민인데 누가 누굴 놀리는 것은 있을 수 없는 일이죠. 놀리는 것으로 촉발된 싸움이기에 나는 사과할 생각이 없고, 우리 아이가 잘했다고 생각합니다. 만약 한 번만 더 우리 아이를 놀린다면 나는 더 참지 않고 교장 선생님한테 직접 가서 이 일의 시시비비를 가릴 것입니다."

결국 상대방 아이의 부모는 사과했고, 그 후로 놀림을 당하는 일이 없어졌다고 해요. 게다가 당당하게 따지는 엄마의 모습을 보고 아들은 자신감을 얻었지요. 이후 힘든 일이 있을 때마다 그때의 기억을 떠올리며 자신감을 가지고 대처했다고 합니다.

아이들은 부모의 믿음으로 자랍니다. 부모가 아이를 믿는다는 것을 말과 행동으로 표현할 때 아이가 더욱더 잘 자란다는 것을 명심해야 합니다.

02

우등생 엄마의 말이
정답이 될 수 없는 이유

영어 유치원에 보내지 않으면
뒤처지는 아이가 될까

아파트 단지 앞에서 유치원 버스를 기다리고 있던

어느 날, OO 엄마가 아이 손을 잡고 나온다.

반갑게 인사하며 버스를 기다리는데, 영어 유치원

차가 우리 앞에 선다.

차에서 내린 원어민 선생님과 영어로 활기차게

인사하는 OO이를 보자 우리 아이가 한없이

작아 보인다. 뒤이어 도착한 유치원 버스에 아이를

태우고 나서 OO 엄마에게 아이가 영어를 잘한다고 칭찬하자

유아 때 영어를 잡아놓지 않으면 초등학교 때는 걷잡을 수 없어
신경 쓰고 있다는 답변이 돌아온다. 벌써 렉사일 지수 600점이라며
챕터북을 자유롭게 읽는다는 얘기에 마음이 덜컥 내려앉는다.
초등 시기에 이야기책 위주로 독서를 시키겠다는
그동안의 계획은 송두리째 없어지고 영어 학원을
열심히 알아보기 시작한다.

취학 전, 가장 가슴이 철렁하는 순간은 아마도 유창하게 영어를 하는 또래 아이를 봤을 때일 겁니다. 그 아이가 옆집 아이라면 더욱 그렇죠. 취학 전에는 영어 교육에 열중하는 가정이 많아서 그 어떤 과목보다 영어에서 차이가 두드러집니다. 우리 아이보다 영어를 잘하는 아이를 볼 때면 '우리 아이만 뒤처지는 것은 아닐까'라는 생각에 불편한 마음이 들기 시작하죠. 그리고 이런 생각으로 나아갑니다. '지금 실력차가 앞으로도 이어지면 어떡하지?'

하지만 정말 그럴까요. 『엄마표 영어 17년 보고서』의 저자인 남수진 작가는 엄마표 영어로 성공할 수 있었던 비결로 아이에게 부담을 주거나 주변의 말에 휘둘려 테스트하지 않은 것을 꼽습니다. 생활 속에서 영어에 노출시키며 엄마표 영어로 공부한 아이들은, 좀 더 편한 모국어를 만나면 누구나 겪는다는 영어 정체기에도 흔들리지 않았습니다. 남수진 작가는 '영어 유치원'이라는 편한 선택이 아닌 '영어 그림책 읽기'를 실천했고, 아이에게 맞는 영어 로드맵을 만들어 그저 묵묵히 매진했습니

다. 그렇게 엄마표 영어로 두 아이를 성공적으로 교육시킨 그녀는 주변의 흔들리는 엄마들에게 이런 조언을 건넸습니다. 영어 유치원에 다니는 아이들의 영어 실력에 기죽어서 그간의 노력을 무너뜨리지 말라고 말이죠. 실제로 영어 유치원에 다니는 아이들이 나누는 영어 대화를 들어보면 아주 간단한 의사소통 수준에 불과한 경우도 많다고 지적합니다. 영어 유치원은 한 명의 원어민 선생님이 열 명 정도의 아이를 가르치기 때문에 실제로는 많은 대화를 하는 것이 어렵습니다. 열심히 하면 언제든 따라갈 수 있는 정도이니 지레 겁먹고 불안해할 필요가 없다는 것이죠.

교육 정보를 알려주는
옆집 엄마를 멀리해야 하는 이유

아이를 키우다 보면 옆집 아이의 행동이나 옆집 엄마의 말 한마디가 두고두고 마음에 남는 경우가 있습니다. 비슷한 또래 아이들을 키운다는 점에서 우리 아이의 확실한 비교 대상이기 때문이죠. 핵가족화되고 교육열이 높아지면서 또래 아이의 교육 정보를 들을 수 있는 강력한 창구로 옆집 엄마의 존재감이 더욱 커지고 있습니다. 정보화 시대라고 하지만 교육 정보를 얻기 위해서는 여전히 손품이나 발품을 파는 일이 많은 상황에서 이런 정보를 공유하고 같이 알아봐주는 옆집 엄마는 고마운 존재입니다. 하지만 그 고마운 존재인 옆집 엄마를 교육 전문가들은 이구동성으로 멀리해야 한다고 말합니다. 왜 그럴까요.

첫 번째 이유는 비교를 강화하기 때문입니다. 엄마 두 명만 모여도 대화의 주제는 교육으로 기울어질 때가 많습니다. '이번에 학교에서 하는 대회는 어떻게 준비하고 있어?', '이 근처에서 좋은 학원이 어디야' 등등 우리 아이를 둘러싼 교육 문제는 끝이 없습니다. 서로 그런 고민거리를 나누는 장에서 '공부 잘하는 누구는 이렇게 한대', '누구 엄마가 그러던데' 같은 말은 큰 위력을 갖습니다. 마치 공신력을 갖는 전문가의 말이나 정답처럼 공부 잘하는 1등 아이를 기준으로 정보가 공유되곤 하죠. 공부 잘하는 아이에 대한 정보가 쌓일수록 그렇게 하지 못하는 우리 아이는 문제투성이로 보이고 그 아이를 따라잡기 위해 당장 무언가를 해야 할 것 같아 마음이 조급해집니다.

이렇게 조급해지다 보면 그 시기에 부모가 반드시 해야 할 것을 놓치기 쉽습니다. 우리 아이만 바라보며 우리 아이가 뭘 잘하는지, 우리 아이가 정말 뛰어난 분야 같은 강점을 찾아내야 하는데, 옆집 엄마의 정보를 듣고 나면 옆집 아이와 비교하기 바빠집니다. '너는 왜 옆집 아이보다 공부를 못하느냐'는 지적은 이내 한탄으로 이어집니다. '네가 공부를 못해서 엄마가 얼마나 창피한 줄 아느냐'고 말이죠.

유튜버 겸 유명 강사인 김미경 대표는 이를 학대라고 표현합니다. 옆집 엄마와 친해질수록 아이는 '비교'라는 학대를 당하며 자라게 된다고 말이죠. 부정적인 영향을 미치는 것은 결코 좋은 관계가 아님을 기억해야 합니다.

두 번째, 옆집 엄마의 정보가 아무리 매력적이어도 우리 아이를 주체적으로 생각하지 않는다면 효과가 떨어질 수밖에 없습니다. 초등학교에 입학하면서 본격적으로 시작되는 12년의 입시 레이스에서 가장 중요한 것은 아이가 중도에 포기하지 않고 끝까지 완주하는 것입니다. 이를 위해서는 부모가 좀 더 긴 안목을 가지고 아이를 응원해줘야 하는데, 옆집 엄마와의 대화는 장기적인 관점이 아닌 단기적인 성과에 급급한 경우가 많습니다. '어느 학원에 다녀야 하는지', '어떤 레벨인지', '선행학습은 얼마나 나가야 하는지' 같은 문제에 집착하죠. 큰 그림을 그리지 못하고 주변의 말에 휘둘리는 엄마를 보면서 아이도 점점 불안해질 수밖에 없습니다.

기나긴 입시 레이스에서 성공하기 위해서 무엇보다 중요한 것은 좀 더 멀리 내다보는 전략입니다. '다른 아이가 하니까 우리 아이도 해야 한다'거나 '1등이 하니까 우리 아이도 한다' 식의 무계획적인 접근법이 아니라, 우리 아이의 장점을 살리고 단점을 보완하는 맞춤형 노력이 필요하다는 의미죠.

세 번째, 옆집 엄마의 말에 휘둘리면 우리 아이를 오로지 똑똑한 아이로 키우는 데 혈안이 될 가능성이 높아집니다. 그런데 저는 초등학생 때까지는 똑똑한 아이보다 행복한 아이로 키워야 한다고 생각합니다. 아이가 정서적으로 안정돼야 그 이후에 자신의 길을 찾아갈 수 있기 때문입니다.

똑똑한 아이보다 행복한 아이로
키우는 것이 우선이다

tvN 프로그램 「알쓸신잡」에서 과학 용어를 쉽게 풀어줘 많은 사랑을 받은 뇌과학자 장동선 박사는 본인이 똑똑한 아이였지만 행복하지 않은 어린 시절을 보냈다고 말합니다. 독일에서 태어나 한국에서 초등학교를 다닌 그는 학교에서 종종 문화적 충격을 받았다고 합니다. 학교에서의 체벌에 적잖이 놀란 그에게 부모님은 홈스쿨링을 권했습니다. 워낙 총명했기에 다른 데 에너지를 쓰지 말고 학업에 좀 더 집중하기를 바랐던 것이죠. 중등 검정고시에서 경기도 수석을 하자 부모님의 결정은 더욱 확고해졌습니다. 하지만 부모님의 생각과 달리 장 박사님은 외로움에 시달렸습니다. 사춘기가 되자 친구가 없는 자신이 한없이 초라하게 느껴져 심하게 방황을 했습니다. 가출해서 서울역을 전전하며 노숙자 생활을 하는 등 부모님과 심하게 갈등을 겪었습니다. 교육학을 전공한 부모님은 그를 누구보다 똑똑하게 키우고 싶었을 것입니다. 하지만 그 과정에서 아이가 어려움을 겪을 것은 예상하지 못했던 것이지요. 엎친 데 덮친 격으로 IMF로 가정 형편이 어려워지자 상황은 더욱 나빠졌습니다. 결국 장 박사님은 9년간의 홈스쿨링을 마치고 고등학교 1학년 때 일반고에 입학했고, 그 이후에도 한참이나 방황했다고 해요.

부모의 목표는 똑똑한 아이보다 행복한 아이로 키우는 것이어야 합니다. 물론 아이가 공부를 잘할 수 있도록 도와주는 노력이 필요하지만 그것을 강요해서는 안 됩니다.

대인관계에 나쁜 영향을 주는 친구는 만나지 말아야 하는 것처럼 자신의 마음을 불편하게 하는 관계는 거리를 둬야 합니다. 물론 옆집 엄마와 아이의 교육을 떠나 '또래'라는 공통점을 바탕으로 친구처럼 잘 지내는 경우도 있습니다. 교육 정보를 공유받기 위해 불편하지만 관계를 유지해야 한다고 생각할 필요는 없습니다. 옆집 엄마로부터 얻는 정보가 사실은 크게 중요하지 않을 가능성이 높은 데다가 이런 정도의 정보를 얻을 수 있는 창구는 많기 때문입니다.

내 아이를 위한 교육 정보,
이 정도만 알아도 충분하다

매일 교육 뉴스를 접하고 다루는 제가 추천하는 교육 정보의 핵심은 원전을 살펴보는 것입니다. 교육만큼 '카더라'가 많은 분야는 없는 것 같습니다. '카더라'가 많은 이유는 원전을 저마다 편한 방식으로, 이익이 되는 방향으로 가져다가 새로운 정보를 만들어서 유통하기 때문이죠. 같은 정보를 놓고도 서로 다르게 해석하는 경우를 정말 많이 봤습니다. 이는 사교육 마케팅의 단골 수법이기도 합니다. 예를 들어 이런 식이에요. 논술 전형이 줄어들고 있다는 팩트를 놓고 예전보다 경쟁이 치열해졌으니 더 일찍부터 준비해야 한다는 식으로 '아전인수'를 하는 것이죠.

사교육에 휘둘리지 않고 정확한 정보를 알기 위해서는 반드시 원전을 확인해야 합니다. 평소에 교육 기사에 관심을 두다가 아이에게 해당하는 교육 뉴스나 중요한 뉴스가 나오면 교육부 홈페이지에서 관련 '보도자료'를 반드시 확인할 것을 추천합니다. 교육부 홈페이지에 가면 '교육부 소식-보도 설명 반박-보도자료'가 올라와 있는데, 누구나 다운받을 수 있습니다. 이밖에 원전 중 활용하기 좋을 만한 것들을 추천드리겠습니다.

초등학생이라면 교육부가 개통한 교육 정보 종합서비스망인 '에듀넷'을 추천합니다. 그중에서도 'e-학습터'는 특히 주목할 만합니다. 기존에 16개 시도 교육청에서 개별 운영하던 사이버 학습을 하나로 모아 통합한 서비스로 '2015 개정 교육 과정' 중심의 국어, 사회, 수학, 과학, 영어에 대한 다양한 학습 자료와 평가 문항을 제공해줍니다. 또한 학년별 학기별로 교과 학습 자료를 확인하고, 부족한 영역은 기초 튼튼 학습 자료로 채울 수도 있어요. 평가 문항을 통해 배운 내용을 확인하고, 부족한 부분은 해설과 동영상으로 해결 가능한 홈페이지입니다.

교육부가 운영하는 '학교알리미' 홈페이지도 좋습니다. 초중등학교는 2008년부터 교육부가 정한 공시 기준에 따라 매년 1회 이상 '학교알리미' 홈페이지에 정보를 올려야 하는데, 여기서 학생, 교원 현황, 시설, 학교폭력 발생 현황, 위생, 교육 여건, 학업 성취 등의 정보를 확인할 수 있어요.

전학이나 학교 선택을 앞두고 있다면 반드시 '학교알리미'에서 해당

학교의 정보를 확인해야 합니다. 고입을 앞뒀다면 학교 이름을 검색한 다음 '학생 현황-졸업생의 진로 현황', '학업 성취 사항-교과별 학업 성취 사항'을 살펴보는 것이 좋습니다. '졸업생의 진로 현황' 중 기타 비율을 확인해보세요. 대학에 진학하지 않은 학생들이 '기타'로 분류되는데 그들의 상당수가 재수생이며 재수생이 많은 학교일수록 일반적으로 공부를 잘하는 학교로 알려져 있어서 학업 분위기를 가늠할 수 있습니다.

대입 자료는 한국대학교육협의회가 만든 '대학어디가'를 활용해보면 좋습니다. 상단 메뉴의 '대학/학과/전형'을 검색하면 대학 소개 및 설치 학과 모집인원, 전형 평가 기준, 대입 특징까지 지난해와 비교해서 자세히 설명해놓았습니다. 대입 가이드를 알고 싶다면 '대입정보 매거진'을 활용해볼 만합니다. 합격자 수기, 대학별 특징, 대학 뉴스를 한번에 정리해서 알려줘 꽤나 유익합니다.

이밖에도 학과 정보를 자세히 알 수 있는 '대학알리미', 전문대학 정보를 알 수 있는 '프로칼리지', 서울대 합격 노하우를 알 수 있는 서울대 입학 웹진 '아로리' 등을 활용하면 팩트에 기반한 입시 정보를 알 수 있습니다.

03 아이에게는 부모만이 절대적인 존재가 아니다

아이를 키우는 일은 오로지 부모만의 일이 아니다

얼마 전 주말을 앞두고 둘째가 다니는 어린이집 선생님께서 전화를 하셨습니다. 요즘 아이의 원 생활에 대한 정보를 공유해주시려니 생각했죠. 워킹맘에게는 놓칠 수 없는 소중한 정보들과 함께 아이가 선생님, 친구들과 원만하게 정말 잘 지낸다는 말씀에 마음이 몽글몽글해졌습니다. 전화를 끊으려는데 선생님께서 드릴 말씀이 있다고 하셨어요.

"네. 선생님 말씀하세요."
"어머님, 그런데 혹시 대기자님이세요?"

"⋯⋯."

"훈육에 관한 영상을 찾아보는데, 어머님과 너무 비슷한 분이 유튜브 영상에 나오셔서요."

아뿔싸. 마스크와 모자를 쓰고 다니는데도 알아보신 것이었죠. 몰래 뭔가를 하다가 걸린 것처럼 '아차' 싶었습니다. 알아보시는 분들이 한두 분 늘어갈 때마다 정말 감사하지만, 한편으로는 부담감도 커집니다. 선생님께는 제가 맞지만 다른 분들께는 말씀하시지 않았으면 좋겠다고 정중하게 말씀드렸어요. 전화를 끊으려는데, 선생님의 마지막 말씀에 저도 모르게 눈물이 흘러나왔습니다.

"어머님, 많은 부모님들께 좋은 정보 나눠주시는데 제가 OO이 더 많이 신경 쓰겠습니다. 편히 일하세요."

어린이집 선생님의 한마디는 많은 부모에게 피가 되고 살이 됩니다. 저 역시 마찬가지예요. 제가 아무리 교육 전문가라고 해도 우리 아이의 발달 상황을 알고 싶거나 중요한 결정을 내려야 할 때는 어린이집 선생님과 사전에 반드시 논의하는 편입니다. 어린이집이나 유치원 등 보육 기관에서 우리 아이가 어떻게 지내는지 부모가 다 알 수 없기 때문이죠. 다른 친구들과 어떻게 지내는지, 선생님과는 어떻게 상호작용하는지 알아가는 것은 부모에게 무척이나 긴장되고 흥분되는 과정이죠. 그리고 그 과정에서 그간 알지 못했던 새로운 정보를 알게 되기도 합니다. 이렇게 부모가 가진 정보와 선생님이 알려준 정보가 합쳐지면서 '아이의 성향'이라는 퍼즐을 맞추게 되는 것이죠.

한 아이를 키우는 데는 온 마을이 필요하다고 합니다. 인간이 사회적 동물인 이상 다른 사람의 도움 없이는 그 어떤 일도 이룰 수 없어요. 자녀교육도 마찬가지죠. 그런데 과거와 달리 핵가족화되면서 자녀교육을 오롯이 부모의 일로 치부하는 인식이 만연해지고 있습니다. 아이는 부모가 키우는 것 아니냐고 말이죠. 하지만 저는 이럴 때일수록 주변의 도움이 더욱 절실하다고 생각합니다.

요즘 아이들은 대부분 세 살부터 보육기관에 갑니다. 이것의 옳고 그름은 차치하고 일단 유아기 아이들이 절대적으로 많은 시간을 어린이집이나 유치원에서 보내는 것은 이제 현실이 됐습니다. 즉, 어린이집과 유치원 선생님은 부모 못지않게 우리 아이와 많은 시간을 함께합니다. 때문에 우리 아이의 성향이나 발달 상황에 대해 선생님이 상당히 많은 정보를 알고 있을 가능성이 큽니다. 그런데 많은 부모가 그들을 잠시 도움을 얻는 감사한 대상으로만 여기고, 아이의 교육을 함께 책임지는 중요한 파트너로 생각하지 않는다는 점은 안타깝습니다. 중요한 결정은 부모가 하고 선생님께 따라줄 것을 요구하거나 아동발달센터 등 외부기관에서만 정보를 찾으려 하죠. 심지어 보육기관 선생님들의 전문성을 믿지 않거나 폄하하는 경우도 있습니다. 전문성의 높고 낮음을 떠나 우리 아이만 바라보는 부모보다는 많은 아이들을 만나는 선생님이 좀 더 객관적인 눈으로 아이를 바라볼 수 있습니다. 따라서 부모 못지않게 아이를 잘 아는 사람으로서 존중하며 소통해야 합니다.

우리 아이에 관한 정보는
선생님과의 공유가 필요하다

학교 담임 선생님도 마찬가지입니다. 특히 초등학교 때는 모든 교과를 가르치는 담임 선생님의 의견이 상당히 중요합니다. 선생님과의 소통은 소중한 기회임을 잊지 말아야 해요. 일단 한 학기에 한 번씩 일 년에 두 번 이뤄지는 학부모 상담은 절대 지나쳐서는 안 됩니다. 1학기 상담만 참석하고 2학기에는 바쁘다는 이유로 빠지는 경우가 많은데, 이는 바람직하지 않습니다. 오히려 1학기보다는 2학기 상담이 더 중요합니다. 3월에는 선생님이 아직 아이를 정확히 파악하지 못했을 가능성이 높기 때문이죠. 1학기에는 부모가 선생님께 아이에 대한 정보를 많이 드리고, 2학기에는 한 학기 동안 아이를 지켜본 선생님의 의견을 많이 듣는 것이 좋습니다. 어려운 점이 있거나 가정에서 사건, 사고가 생겼다면 선생님께 알리는 것이 좋습니다.

많은 부모가 선생님과 소통하는 것을 어려워하거나 우리 아이의 단점을 알리는 것을 꺼립니다. 그렇지만 제가 만난 거의 대다수의 선생님은 이런 것들을 부정적으로 인식하는 것이 아니라 아이를 좀 더 이해할 수 있는 소중한 정보로 여겼습니다. 한 반의 인원이 많아서 선생님들은 아이 하나하나와 일일이 소통하는 게 어렵습니다. 학부모를 통해 이런 정보를 알게 되면, 아이에게 더 관심을 갖는 계기가 되기도 합니다.

흔히 초등학교 때는 아이의 말을 전적으로 믿고 학교 생활에 대해 단정하기 쉬운데, 실상은 아이의 말과 다른 경우가 많습니다. 아직 초등학생이기에 표현이 미숙하거나 엄마한테 혼날까 봐 아이가 사실대로 말하지 못하는 경우도 있기 때문이죠. 따라서 아이의 말만 일방적으로 믿기보다는 선생님과 소통하면서 우리 아이, 아이를 둘러싼 환경을 정확히 알려는 노력이 필요합니다.

요즘 초등학생들의 마음을 가장 잘 아는 사람은 '보건교사'라는 얘기가 있습니다. 부모 세대가 학교에 다닐 때만 해도 '보건실'보다는 '양호실'이라는 명칭이 익숙했죠. 이때의 양호실은 주로 학교 구석진 곳에 자리 잡고 있으면서 정말 아플 때 가는 곳이었습니다. 하지만 요즘 학교의 보건실, 보건교사는 부모 세대 때와는 많이 다릅니다. 요즘에는 몸이 아니라 마음이 아픈 아이들이 많이 찾습니다. 단순히 아픈 몸을 치료하는 곳이 아니에요. 이 시기의 아이들은 몸과 마음을 구분하는 것이 어렵기 때문에, 마음이 아픈데도 몸이 아프다고 도움을 받으러 보건실을 찾습니다. 공부에 대한 압박, 친구 관계에서의 상처, 가정의 불화로 인한 고민에서 벗어나 잠시 쉬면서 보건교사에게 큰 위로를 받는 아이들이 많다고 합니다. 그런데 정작 부모들은 우리 아이가 보건실에 가는지조차 모르는 경우가 많아요. 만약 담임 선생님께 아이가 보건실을 많이 찾는다는 얘기를 듣는다면, 우리 아이의 마음에 상처가 생겼다는 신호임을 알아차리고 잘 살펴봐야 합니다.

아이의 모든 일을 해결하고
책임져야 한다는 착각

최근에 중고등학교에서 도덕을 가르치며 아이들 상담도 많이 해주는 선생님을 만났습니다. 사춘기 아이들이 말을 너무 안 해서 고민하는 부모님이 많은데, 선생님은 이와 전혀 다른 말씀을 하셔서 크게 놀란 기억이 있어요. 아이들이 상담할 때 의외로 속마음을 너무 솔직하게 털어놓는다는 것입니다. 어쩌면 아이들에게는 부모 이외에 자신의 고민을 나눌 대화 상대가 필요한 건지도 모르겠습니다.

그런데 인터넷상에는 오늘도 부모의 역할이나 책임을 강조하는 글들이 넘쳐납니다. 특히 유아 자녀를 둔 부모들을 대상으로 하는 맘카페나 커뮤니티에는 시기에 관련된 결정론이 많습니다. 대표적인 것이 '생후 3년 애착'입니다. 생후 3년간 아이를 어떻게 대하고 애착을 형성했느냐가 아이의 정서에 결정적인 역할을 하니까 이 시기를 놓치면 안 된다고 강조합니다. 이런 결정론은 무조건 부모가 다른 것들을 제쳐두고 아이를 위해서 살아야 하며, 그렇지 않으면 다른 기회가 없을 거라는 불안감을 줍니다.

그런 말에 절대 흔들리지 않기를 바랍니다. 겨우 몇 년으로 아이들의 긴 인생이 결정되지도 않을 뿐만 아니라, 아이들은 부모 외에도 많은 사람들의 영향을 받으며 성장하기 때문이죠. 서울대 소아청소년정신과 김붕년 교수는 생후 3년까지 아이와의 애착 관계가 아이에게 중요한 영향을 주는 것은 맞지만, 성호르몬과 전두엽의 가지치기가 활발히 이뤄지는 사춘기 역시 그때 못지않게 아이에게 중요한 시기라고 말합니다. 때문에 유아기를 놓쳤다고 해서 죄책감을 가질 필요는 없다고 강조했죠.

아이에게 결정적 영향을 주는 사람이 부모밖에 없다는 부담에서도 벗어날 필요가 있습니다. 회복탄력성 개념의 토대가 된 유명한 연구 사례가 있습니다. 지금은 굉장히 아름다운 관광지로 유명한 하와이의 카우아이섬은 1900년대 초반까지만 해도 빈민가였습니다. 이곳에는 가난에 찌든 사람들이 모여 살았어요. 이 섬에서 태어난 아이들은 흙수저 중에서도 흙수저였죠. 심리학자 에이미 워너Emmy Werener는 이 지역 아이들이 어떻게 범죄자가 되어가는지 궁금해 '어떤 삶의 조건이 아이들을 망치는가'라는 주제로 종단연구를 했습니다. 그곳에서 태어난 신생아 833명을 대상으로 연구를 시작했죠. 그리고 20여 년이 지나서 연구자들은 이해할 수 없는 결과를 보게 됐어요. 833명 중 특히 가난하고 가정환경이 열악한 201명의 아이들이 있었는데, 이들 중 72명이 아주 건강하며 밝고 우월하게 성장한 겁니다. 이 중 엄마가 열여섯 살, 아빠가 열일곱 살에 낳아 할아버지 집에 버리고 간 마이클은 초중고 시절 늘 10등 안에 들었고, 학생회장을 할 정도로 멋지게 성장했습니다.

마이클처럼 긍정적이고 유능하고 리더십 넘치게 성장한 카우아이의 아이들이 72명이나 됐습니다. 이에 연구진은 연구주제를 '무엇이 과연 어둠 속에서 아이들을 구해냈는가?'로 바꾸고, 그들의 성장 환경을 다시 한 번 분석했습니다. 그리고 72명의 아이들에게서 한 가지 공통점을 발견합니다. 그 아이들에게는 그들을 진심으로 사랑해준 단 한 명의 어른이 있었다는 점이었어요. 자신을 진심으로 사랑해주고 관심을 쏟아준 단 한 명의 어른! 그 어른은 부모일 수도 있지만 할아버지, 할머니, 친척, 선생님인 경우도 있었습니다. 앞서 소개한 마이클은 부모에게 버림받았지만 따뜻하게 감싸주는 할아버지의 헌신이 있었죠.

아이에게 부모만이 절대적인 존재라는 착각은 버려야 합니다. 아이들은 살아가면서 다양한 사람들을 만나고 도움을 얻습니다. 아이의 모든 일을 부모가 해결하고 책임져야 한다고 생각할 필요 없습니다. 부담을 내려놓으세요.

우리 아이를 위한 셰르파는
누가 될 수 있을까

산악인들 사이에서 회자되는 용어 중에 '셰르파'라는 게 있습니다. 셰르파는 히말라야 고산지대에 오랫동안 거주해온 부족의 이름입니다. 높은 고도에서의 적응력이 뛰어나 에베레스트를 정복하러 나선 사람들을 돕는 부족이에요. 여기에서 유래해 '산악 원정을 돕는 사람들'이라는 의미의 보통명사로 쓰이고 있습니다. 히말라야 원정대가 히말라야를 정복하기 위해서 셰르파의 도움이 필요하듯, 우리도 자녀를 올바르게 성장시키기 위해서 셰르파의 도움이 필요합니다. 부모가 오롯이 아이의 교육을 맡는 것은 힘이 많이 들 뿐만 아니라, 잘못된 방향으로 가더라도 스스로 인지하지 못해 좋지 않은 결과를 초래할 위험이 있기 때문이죠.

그런데 이때 셰르파의 존재를 학업 성적을 기준으로 자녀를 잘 키운 선배 엄마나 옆집 엄마로 오해하면 안 됩니다. 그분들은 우리 아이를 잘 알지 못하니까요. 그들은 자신만의 방식으로 자신의 아이를 잘 키운 것일 뿐입니다. 그 방법이 우리 아이에게도 적용될 수 있을지는 미지수이며, 아이를 잘 키우는 방법을 일반화하기도 어렵습니다.

많은 부모의 숙원인 대입도 마찬가지입니다. 고3이 되면 많은 학생과 학부모가 입시 컨설팅을 받습니다. 어떤 대학에 갈 수 있는지 전문가의 조언을 구하기 위해 동분서주합니다. 그런데 이때 많은 부모가 유명한 학원의 입시 컨설턴트가 한 말만 신뢰하는 경우가 많습니다. 정작 수시 지원의 핵심 열쇠인 학교생활기록부는 담임 선생님을 비롯해 학교 선생님들이 작성하는데도 말이죠. 오랜 기간 아이를 지켜본 선생님과 모의고사 성적표, 학교생활기록부 결과지만 놓고 분석한 입시 컨설턴트 중 누가 더 아이에게 맞는 대입 전략과 조언을 제시해줄 수 있을까요?

히말라야에서 셰르파를 만나려면 고산지대를 어느 정도까지 스스로 올라가는 노력이 필요합니다. 자녀교육에서도 이런 과정이 필요합니다. 우리 아이에게 도움이 될 최고의 셰르파를 만나기 위해서는 적임자를 찾는 노력이 필요합니다. 우리 아이가 지금 누구와 가장 많이 소통하는지, 누구를 믿고 따르는지 반드시 알아야 해요.

자녀교육 때문에 걱정이시라면 혼자 끙끙거리지 말고 지금이라도 우리 아이를 잘 아는 셰르파를 찾아보시기 바랍니다. 그리고 그들에게 아이에 대한 정보를 듣는 것을 망설이지 마세요. 부모 혼자 생각했을 때보다 훨씬 더 풍성한 정보를 얻을 수 있을 것이라 확신합니다.

04 　 자녀교육서를 읽으면
얻게 되는 것들

자녀교육서 한 권이면
40명의 아이들을 접할 수 있다

베스트셀러 『초등 자존감의 힘』, 『초등생의 진짜 속마음』을 쓴 초등학교 교사 김선호 선생님을 인터뷰한 적이 있습니다. 초등학생들의 심리에 집중해 지속적으로 책을 출간하시는 이유를 물었죠. 반 아이들의 마음을 도통 알 수 없어서 조금이라도 더 알고 싶은 마음에서 시작했다는 답변을 하셨습니다.

　처음 초등학교에 부임했을 때, '아이들을 잘 가르쳐보리라'는 열정과 결심이 무색할 만큼 아이들과 소통하는 게 어려웠답니다. 대학에서 배운 이론들을 적용해보기는커녕 매일 예상치 못한 일들에 부닥치는 과정의 연속이었다고 합니다. 아이들이 왜 이런 행동을 하는지, 왜 말을 듣지 않는지 전혀 이해가 안 됐습니다. 몇 년 동안 방황하다가 교사를 그만둘 계획까지 세우게 되었습니다. 그때 심리상담전문가인 아내는 학교를 그만둘 때 그만두더라도 이유가 무엇인지 스스로 돌아보라는 조언을 했죠. 그 말은 먼저 스스로를 돌아본 뒤 아이들을 찬찬히 살펴보라는 의미였어요.

그때부터 선생님은 아이들의 심리에 조금씩 관심을 가졌습니다. 눈에 보이는 아이들의 행동이 아니라 마음을 들여다보기 시작한 거죠. 제대로 공부하고자 자료를 찾아보고 관련 책을 읽기 시작했습니다. 그렇게 노력하자 아이들의 심리가 조금씩 이해됐고, 왜 그런 행동을 했는지 가늠할 수 있었습니다. 아이들의 심리를 알게 되면서 점차 이런 경험을 나누고 싶다는 생각을 하게 됐습니다. 우리 아이가 왜 이렇게 행동하는지 모르겠다는 학부모를 많이 봐왔기 때문이에요.

그렇게 도움을 주기 위한 상담 과정에서 두 번째 난관에 부닥쳤습니다. 아이에게 어떤 조언을 건네도 튕겨 나오는 듯한 느낌이 들었던 것이죠. 아이의 학년이 높을수록 더욱 그랬습니다. 많은 부모가 아이를 제대로 이해하려고 노력하다가도 중학교 입학을 염두에 두면서부터는 모든 관심의 초점이 학습에 맞춰집니다. 그런 모습을 보면서 선생님은 초등 저학년 학부모를 대상으로 한 자녀교육서를 쓰기 시작했습니다. 그리고 많은 부모에게 아이가 학교에 입학하기 전에 자녀교육서를 30권 읽으라는 조언을 강하게 건네기 시작했습니다.

굳이 30권이라고 강조한 이유는 이렇습니다. 한 권의 자녀교육서는 대개 40개의 소목차들로 이뤄지는데, 하나의 소목차당 한 명의 아이 유형이 다뤄진다고 생각했기 때문이죠. 쉽게 말해, 책을 한 권 읽으면 40명의 아이를 만나게 됩니다. 한 권당 40명을 만날 수 있으니 책을 30권 읽는다면 1,000명 이상의 아이를 접하는 셈입니다. 1,000명이라는 빅데이터 중 자신의 아이와 비슷한 유형이 반드시 있을 것입니다. 그러니 적어도 30권 정도는 읽어야 한다고 주장하는 것이죠.

선생님과 말씀을 나누면서 크게 공감했습니다. 저 역시 한 분야를 제대로 이해하는 가장 좋은 방법은 관련 분야의 책을 읽는 것이라고 생각합니다. 한 권의 책에는 저자의 통찰과 지식이 집약돼 있습니다. 재테크 붐이 일었을 때, 재테크 초보자들 사이에서는 재테크 책을 함께 읽으며 공부하는 소모임이 활발하게 만들어졌습니다. 재테크 유튜브 채널의 전문가들도 한결같이『부자 아빠 가난한 아빠』,『부의 추월차선』등등 경제경영·재테크 기본서부터 읽으라고 강조했죠. 이렇듯 다른 분야를 이해하고자 할 때, 해당 분야에서 인정받은 좋은 책을 읽는 것만큼 좋은 방법은 없다고 생각합니다.

저 역시 30권 정도는 읽어야 한다는 데 동의합니다. 아무리 좋은 책을 읽더라도 한두 권만으로는 절대 그 분야를 이해할 수 없습니다. 인간은 망각의 동물인 데다가 아이와 온종일 부대끼다 보면 순간순간 자녀 양육의 원칙을 놓치기 십상입니다. 적어도 일 년에 두세 권은 읽으면서 다시 한 번 마음속으로 방향성을 다져야 합니다. 부모가 되기 전에는 양육에 대해 고민하거나 준비한 적이 없기에 더욱 이런 과정이 필요합니다.

적어도 아이가 초등 저학년, 사춘기 전까지는 자녀교육서를 일 년에 두세 권 이상 읽는 노력이 반드시 필요합니다.

베스트셀러 자녀교육서를
맹신하지 말 것

김선호 선생님의 인터뷰 영상이 올라온 다음, 정말 많은 분들이 댓글을 달아주셨습니다. 하나같이 '어떤 자녀교육서를 읽어야 하느냐' 하는 질문들이었죠. 책을 읽고 싶고 읽어야 한다고 생각은 하지만, 뭐부터 어떻게 읽어야 할지 모르겠다는 답답함을 표현하는 분들이 많았습니다. 저 또한 개인적으로 자녀교육서를 추천해달라는 부탁을 정말 많이 받습니다.

많은 부모가 가장 많이 하는 방법은 주변에서 추천을 받는 것입니다. 또는 신간 중에 인기 있는 책을 골라서 읽는 경우도 많습니다. 그런데 이렇게 큰 고민 없이 자녀교육서를 골랐다가는 들인 시간이나 돈에 비해 만족할 만한 효과를 얻지 못할 수도 있습니다. 오히려 부정적인 결과를 낳기도 합니다.

이에 제가 몇 가지 팁을 드리고자 합니다. 첫째, 신간 베스트셀러를 맹신하지 마세요. 몇 년 전 큰 인기를 끌었던 자녀교육서 중 엄마의 헌신으로 아이를 명문대에 보낸 교육기가 있었습니다. 분명 뛰어난 아이였고 엄마의 노력 역시 칭찬받아 마땅했습니다. 뛰어난 아이와 엄마의 교육

이야기는 많은 부모들의 관심을 끌기 충분했습니다. 이 책은 단번에 베스트셀러가 됐습니다. 제 주변에서도 그 책 이야기를 참 많이 했습니다. 저 역시 이 책을 사서 읽어봤는데 이상하게도 읽으면 읽을수록 마음 한편이 불편했습니다. 자신의 이야기가 정답인 것처럼 강요하는 듯한 저자의 생각도 불편했지만, 그렇게 하지 못한 엄마들에게 죄책감을 느끼게 하는 표현이 많았기 때문입니다.

자녀교육서는 뛰어난 아이들을 대상으로 하는 것보다 대다수 평범한 아이들과 부모를 대상으로 한 책이 좋습니다. 자녀를 명문대에 보낸 부모가 쓴 책이나 대치동 등 특정 학군지에서나 일어날 법한 일을 다룬 책을 굳이 사서 읽을 필요는 없다고 생각합니다. 그 아이에게 성공적인 방법일 수는 있지만 우리 아이에게는 해당되지 않는 방법일 가능성이 크기 때문입니다. 보편적이고 타당하다고 보기 어려운 방법이라고 생각하기에 책보다는 잠시 참고하거나 타산지석으로 삼을 용도로 유튜브 영상 등을 참고하는 것만으로도 충분하다고 생각합니다.

독서는 굉장한 집중력을 요구하는 일입니다. 독서를 하다 보면 감정을 이입해 정보를 받아들입니다. 그런데 특별한 사례에 몰입하거나 감정을 이입하면, 그런 모습과는 차이 나는 우리 아이가 지극히 부족해 보일 가능성이 높습니다. 부모 역시 책 속의 부모처럼 못 할 때 자괴감을 느끼기 쉽죠. 육아는 오랜 기간에 걸쳐 아이와 교류하고 소통하는 과정이기에 엄마가 부정적인 감정을 가지면 아이에게 부정적인 영향을 줄 수밖에 없습니다.

자녀교육서를 읽는 목적은
자신만의 교육 철학을 갖기 위함이다

둘째, 전문가의 책을 읽는 것입니다. 전문가의 기준은 각자 상이할 수 있으나, 저는 적어도 10년 이상 해당 분야에서 관련 경험을 쌓아야 한다고 생각합니다. 이에 특별한 경우가 아니라 다양한 사례를 많이 접해봐야 합니다. 소아정신과 전문의라면 다양한 임상 경험이 있어야 하는 거죠. 그래야 다양한 사례를 접하면서 객관화된 눈을 통해 우리 아이를 이해할 수 있습니다. 이런 책들은 엄마의 개인기를 요구하지 않아요. 다양한 사례를 보여줌으로써 우리 아이는 그중 어떤 단계이고, 어떤 유형인지 떠올리며 현명한 방법을 찾게 도와줍니다.

제가 지인들에게 추천하는 방법은 온라인 서점에서 '스테디셀러'를 검색하고 그중에서 전문가가 쓴 책부터 읽는 것입니다. 오랜 기간 많은 사람들에게 인정받은 전문가가 쓴 자녀교육서는 성공할 확률이 높습니다.

육아법에도 유행이 있습니다. 한때는 호랑이처럼 자녀를 엄격히 관리하는 엄마를 뜻하는 '타이거맘'이 정답인 것처럼 인정받았다가 아이들의 생각을 존중하고 지지하며 부모의 삶을 강요하지 않는 '베타맘'이 주목을 받았죠. 그러나 자녀교육서는 금세 변하는 유행이 아니라 근본적인 원칙을 접하는 게 우선돼야 합니다. 시대에 맞는 트렌드는 굳이 자녀교육서가 아니더라도 신문이나 유튜브 등 더 발 빠르게 정보를 얻을 수 있는 창구가 많기 때문입니다.

여기서 또 하나 중요하게 생각해야 할 게 있습니다. 자녀교육서를 읽는 목적이 자신의 교육 철학을 갖기 위한 것이라는 사실을 기억해야 합니다. 무비판적으로 받아들이는 게 아니라 그것을 통해 자신만의 철학을 마련해야 합니다. 부모가 되기 전까지 자녀교육에 대해 제대로 공부해본 적이 없다는 사실을 기억하면서 책을 통해 아이를 제대로 이해하고 육아관과 양육 철학을 정립하려고 노력해야 합니다.

제 남편은 요리로 예술을 만드는 셰프입니다. 음식을 이해하는 능력이 탁월해 놀랄 때가 많아요. 음악 분야에 절대음감이 있는 것처럼 절대미각을 갖췄는지 음식을 먹고 어떤 재료가 들어갔는지, 어떤 방식으로 조리했는지 정확히 알아내곤 합니다. 대학에서 음식을 전공했고 오랜 기간 요리 유학을 했지만, 그가 자신의 실력을 향상시키기 위해 가장 노력한 부분은 레시피 책을 정독하는 것이었습니다. 유명 레스토랑의 음식을 소개한 책이나 해외 유명 셰프가 레시피를 소개한 책을 정말 열심히 읽었어요. 그런데 중요한 것은 책에 있는 레시피를 무조건 받아들이는 것이 아니라, 그것을 바탕으로 자신만의 요리법을 만들어낸다는 것입니다. 자신의 장점을 덧붙이기도 하고 응용하기도 하면서 요리 실력을 높이기 위해 다양한 방법으로 책을 활용합니다. 저는 이것이 중요하다고 생각해요. 양질의 자녀교육서를 읽는 것도 중요하지만, 그것을 읽으면서 전체적인 방향성을 깨닫고 우리 아이에게 유연하게 적용할 때 부모와 아이 모두에게 바람직한 결과가 나올 수 있습니다.

심플한 인터뷰 노트

아이를 바꾸는
부모의 말말말!   w.김선호

---

interviewee 김선호

초등 교사이자 『초등 자존감의 힘』, 『엄마의 감정이 말이 되지 않게』의
저자. 유튜브 「김선호의 초등 사이다」를 운영 중이다.

Q 초등 아이의 심리를 들여다봐야 하는 이유와 방법이 궁금하다.

많은 부모들이 부모 혹은 사회가 원하는 모습으로 아이를 만들려고 한
다. 심리학은 아이가 가진 본래의 욕구를 찾아주고, 스스로 조절할 수 있
게 만들어주려는 것이다. 아이의 욕구를 파악하기 위해서는 관찰이 필
요하다. 이는 아이의 자존감과도 관련 있다. 부모가 관심을 갖고 자기를
바라봐주면 아이는 자기 존재감을 느끼고, 그 뒤에 자기 욕망이 나온다.
문제는 이 과정이 모두 초등 이전의 이야기인데 많은 부모들이 이 시기

를 놓친다는 것이다.

문제 행동의 원인은 초등 이전에 만들어진다. 시간이 지나면 괜찮아지는 게 아니라 잘못된 방향으로 심화된다. 표면에 드러난 행동이 아니라 원인을 파악하고 방향성을 제시해주어야 한다. 요즘에는 한 방면에서 우수한 아이가 다른 방면에서도 우수한 경우가 많다. 학부모와 상담해보면 그런 아이들은 초등 이전에 부모가 하루에 최소 두 시간은 아이에게 집중하는 시간을 가졌다는 공통점이 있었다. 그 시간에 주로 동화책을 읽어주는데, 이 과정을 통해 어휘력이 다른 아이들보다 몇 배나 성장한다. 어휘력은 심리와 연관돼 있다. 어휘력이 발달하면 자기 감정을 잘 표현할 수 있게 되고, 부모의 피드백으로 이어지는 선순환이 가능해진다.

Q 이미 그 시기를 놓쳤다면 어떻게 하면 좋을까?

아이가 어릴수록, 저학년일수록 더 유리한 것은 맞다. 다만 이제부터라도 부모가 아이와 함께 독서하는 습관을 들이면 좋다. 고학년이지만 아직 혼자 책을 잘 읽지 못한다면 부모가 아이에게 직접 책을 읽어준다. 고학년이든 저학년이든 하루에 40분 정도면 그 학년에 알맞은 독서량을 채울 수 있다. 어떤 환경이든 아이가 하루에 40분은 책을 읽을 수 있게 만드는 게 중요하다.

고학년으로 올라갈수록 아이를 이해하기 힘들다고 느끼는 부모가 많은데, 고학년이 되어 이해하지 못하게 된 게 아니라 저학년 때부터 이해하지 못한 것이다. 고학년이 되면 아이가 저항하기 때문에 그제야 아이를 잘 모른다고 생각하게 된다.

자녀가 초등학교에 들어가기 전에 자녀교육서를 30권은 읽을 것을 권한다. 그러고 나면 아이를 바라보는 큰 틀이 생긴다. 부모가 아이의 심리를 제대로 바라보지 못하는 이유는 불안 때문인 경우가 많다. 책을 통해 생긴 기준과 데이터를 통해 아이의 마음이 더 잘 보이게 될 것이다.

Q 부모가 아이를 도우려고 하는 행동이 '가스라이팅'이 될 수 있는지 궁금하다.

부모의 말과 행동 역시 가스라이팅이 될 수 있다. 가스라이팅은 자존감과 관련 있다. 부모의 잘못된 행동이 아이의 자존감을 낮추고 가스라이팅으로 몰고 간다. 부모들에게 항상 강조하는 것이 있다. 자녀 앞에서 울지 말라는 것이다. 아이는 그런 모습을 보면 미안함과 죄책감을 느낀다. 엄마 입장에선 아이가 변화하는 모습을 보이니까 상황이 해결되었다고 느끼기 쉽다. 그러나 아이의 의지력은 약하다. 실수나 잘못된 행동을 반복하면 그 순간 아이는 스스로를 자책하게 된다. 이게 가스라이팅이다. 만약 이미 자녀 앞에서 눈물을 보여버렸다면 아이가 자신을 탓하지 않도록 방향성을 돌려주는 게 도움이 된다.

자녀 심리 교육에서 가장 중요한 건 부모와의 '분리'다. 초등 과정에 분리를 완성해야 한다. 이를 위해 중요한 건 자존감이다. 자존감이 높은 아이는 스스로의 존재감을 느낄 수 있는 아이다. 존재감과 자존감은 다르다. 존재감은 타인의 반응으로 인해 형성되고, 자존감은 주변의 반응 없이도 두려움 없이 스스로의 욕망을 따라간다.

Point　부모의 말과 행동이 아이의 자존감을 좌우한다.

CHAPTER 2

관찰

—

아이와 세상의 흐름을 꾸준히 감지할 것

01 당신에게는 이미
아이에 대한 데이터가 많다

자녀를 관찰할 때
지켜야 하는 원칙

세계를 무대로 활약하는 스포츠 선수의 성공 뒤에는 부모의 남다른 교육이 한몫하는 경우가 많습니다. 대표적인 예가 피겨 여왕 김연아 선수죠. 김연아 선수의 어머니 박미희 씨를 인터뷰한 적이 있습니다. 김연아 선수보다 김 선수를 더 잘 안다고 알려질 만큼, 박미희 씨의 그림자 교육법은 화제를 낳았습니다. 인터뷰할 당시 김 선수와 함께 캐나다 전지훈련을 떠난 상황이었기에 이메일로 인터뷰를 했습니다.

그녀는 딸이 피겨 스케이팅에 입문하기 전까지 운동을 전혀 몰랐고 크게 관심도 없었다고 해요. 대학에서 의상을 전공했지만, 김 선수가 피겨를 시작하면서부터 웬만한 전공자보다 피겨에 대해서 잘 알 만큼 공부를 많이 했습니다. 아이의 관심사를 제대로 이해하기 위한 노력이었죠. 때로는 코치로, 친구로, 어머니로 1인 다역을 했어요.

딸과 24시간 함께하면서 상태나 기분 등을 살폈다고 해요. 그리고 이를 바탕으로 아이가 힘들어할 때마다 조언을 건넸습니다. 중1이 되자 김 선수는 국내에서 더 이상 경쟁할 만한 상대가 없었다고 합니다. 그러면서 피겨에 대한 흥미를 차츰 잃고 있었죠. 박씨는 그런 딸을 보며 국제 대회에 출전해볼 것을 권했습니다. 당시 한국의 피겨 위상은 하위권이었기에 김 선수가 세계 대회에 나가 상처를 받지 않을까 우려하는 사람들이 많았지만 박씨의 생각은 달랐습니다. 한 걸음 더 도약하기 위해서는 세계 대회라는 동기 부여가 필요하다고 본 것이지요. 결과는 대성공이었어요. 김 선수는 세계 무대에서 자신의 기량을 마음껏 펼쳤습니다. 동경하던 선수들과 어깨를 나란히 한다는 것만으로도 신선한 자극이 됐습니다. 또한 웬만한 세계 대회에서는 떨지 않는 대범함도 기를 수 있었죠. 딸이 연습을 게을리하거나 힘들어할 때마다 박씨는 김 선수의 승부욕을 자극했습니다. 남에게 지고는 못 사는 성격임을 간파한 것이지요.

그런데 박씨가 딸을 관찰할 때 반드시 지켜온 원칙이 있습니다. 기준점이 바로 김 선수라는 것입니다. 되도록 다른 사람과 비교하지 않았다고 해요. 그보다는 김 선수의 과거 경험과 비교해서 조언을 건넸죠. 박씨는 모든 판단의 중심은 '연아'라고 말했습니다. 동작에 대해서 조언할 때는 "손끝 좀 나긋하게 해" 또는 "저 선수는 저렇게 하는데 너는 왜 이렇게 하니?"가 아니라 "너 아까 손가락을 모으기도 하고 펼치기도 하던데 둘째손가락만 살짝 올렸을 때가 가장 좋더라" 또는 "예전에는 이 동작 하는 것을 어려워했는데 지금은 안정적인 걸 보니 지금 연습하는 방식이 너에게 맞는 것 같다"고 말하는 식이죠.

아이를 낳은 순간부터 부모는 아이와 많은 시간을 함께합니다. 따라서 그 누구보다 아이를 잘 압니다. 사랑으로 아이를 지켜보기 때문에 아이에 대한 정보를 많이 가지고 있죠. 그것을 잘 활용하면 김 선수의 어머니처럼 아이에게 좋은 코치 역할을 해서 세계적인 인재로 키울 수 있습니다. 그러나 누구나 그렇게 할 수 있는 것은 아닙니다. 정보가 많음에도 불구하고 아이를 이해하지 못하거나, 아이의 행동이 왜 그런지 도통 모르겠다는 경우가 대부분이기 때문입니다. 왜 이런 차이가 발생하는 것일까요?

아이의 말과 행동의 이유를
알아채기 위한 노력이 필요하다

큰 사랑을 받고 있는 육아 예능 프로그램 「요즘 육아 금쪽같은 내새끼」의 중심에는 오은영 박사님이 있습니다. 인기 비결은 단연 오 박사님의 솔루션이에요. '금쪽이' 때문에 어려움을 겪는 가정의 상황을 지켜보고, 원인을 간파하고, 현명한 솔루션을 제시하죠. CCTV를 통해 아이가 왜 떼를 쓰는지, 왜 이상행동을 하는지 관찰하고 부모에게 몇 마디 질문을 건넵니다. 그리고 아이의 상태를 적확하게 파악해냅니다. 오은영 박사님은 이를 이렇게 설명합니다.

"부모는 아이와 숙식을 같이하고 1년 365일 사랑의 눈으로 보며 생활하기 때문에 아이에 대한 데이터를 정말 많이 가지고 있어요. 그런데 어느 날 이전과 다른 행동을 하거나 문제행동을 하면 마냥 아이가 그런 행동을 안 하기만 바라며 하지 말라고 말하는 데 그쳐요. 아이를 너무 사랑하기 때문에 아이가 걱정되는 거예요. 벌어진 일을 빨리 수습하기에 급급해서 왜 이런 일이 발생했는지 놓치는 경우가 많아요. 아이에 대한 정보를 많이 가지고 있다는 것을 활용하지 못하는 것이지요. 그런 정보를 가지고 행동의 의미를 통역하고 번역하고 연결하고 해석하는 게 안 됐던 거죠."

예를 들어 동생과 매일 싸우는 아이가 있다고 가정해봅시다. 아이는 하루도 안 빠지고 크고 작은 문제로 동생과 실랑이를 벌입니다. 부모는 아이의 그릇된 행동을 보는 게 불편합니다. 그래서 아이에게 하지 말라고 말하죠. 그래도 달라지지 않으면 화를 내고, 이런 일들이 반복되면 관계가 악화되기에 이릅니다.

부모는 자녀를 너무 사랑하기 때문에 아이가 잘못된 길로 가지는 않을까 걱정합니다. 그리고 왜 이렇게 동생과 싸우는지 도무지 이해하지 못합니다. 부모는 아이를 잘 키우고 싶기 때문에 이유를 모르면 두려움을 느껴요. 두려운 것을 빨리 없애고 싶다 보니 지금 하는 행동을 멈추게만 하려는 것이지요. 그러나 오 박사님은 그 행동의 진정한 이유를 파악하는 것까지 나아가야 한다고 강조합니다.

"양파처럼 껍질을 한 꺼풀 더 까고 들어가야 하는데, 여기까지 나아가질 못하는 거예요. 「요즘 육아 금쪽같은 내 새끼」는 이걸 알려드리는 프로그램입니다. 이면을 봐야 한다는 것이지요. 그렇지 않으면 어떤 형태로든 내재된 이유가 터질 수밖에 없습니다. 근본적인 이유를 알아내서 아이를 더 많이 이해하고 바른 방향으로 이끌어야 해요."

며칠 전부터 아이가 계속 가고 싶다고 해서 찾아간 레스토랑. 그런데 아이는 자리에 앉자마자 집에 가고 싶다고 조릅니다. 빨리 가고 싶다고 떼까지 부리죠. 그러면 부모는 당황합니다. "여기, 네가 오고 싶다고 한 곳이잖아"라면서 아이를 다그치거나 "빨리 먹고 가자"고 시간을 버는 전략을 짜기도 합니다. 그래도 아이가 빨리 가고 싶다고 하면 부모는 마음이 불편해지고, 결국 아이에게 소리를 빽 지릅니다. 그러면 아이는 그 행동을 멈춥니다. 이에 부모는 문제를 해결했다고 생각합니다. 그런데 그것은 착각이에요. 아이는 부모의 말을 알아들은 게 아닙니다. 단지 무서

워서 멈춘 거예요. 아이들한테 부모는 생명과 생존의 동아줄입니다. 정말 소중한 사람이죠. 소중하고 중요한 사람이 소리를 지르거나 무서운 표정을 하는 것은 아이들에게 공포 그 자체입니다. 사랑을 잃을까 봐, 보호받지 못할까 봐 그렇죠. 그러면 아이들은 일단 멈춥니다. 그 공포의 감정을 계속 가지고 있는 것이 너무 힘들어서 잠시 내려놓는 것이죠. 그런데 부모는 이를 일이 해결됐다고 착각해서 무슨 일이 있을 때마다 더 언성을 높이는 악순환에 빠지고 말아요.

이때 중요한 것은 아이가 왜 그런 행동을 했는지 알아차리려는 노력입니다. 물론 이것을 알아차리는 것은 쉬운 일이 아니에요. 많은 노력과 인내가 필요하죠. 하지만 작은 노력이 쌓이다 보면 아이를 더 잘 이해할 수 있게 된다는 것을 잊어서는 안 됩니다.

부모와 자녀의 대화에는 '열린 질문'이 필요하다

아이와 대화할 때는 가설을 여러 개 설정해서 이게 맞는지 아닌지 파악하는 것이 중요합니다. 오 박사님이 추천한 방법은 아이에게 직접 물어보는 것입니다. 인터뷰를 진행하면서 이 해법을 들었을 때 저는 반신반의했습니다. 아이가 잘 대답할 수 있을까 하고 말이죠. 오 박사님은 아이들은 누구나 자신의 의견을 말하고 싶어 한다고 강조했습니다. 다만 그

것이 어른의 눈높이가 아닌 아이의 눈높이일 때 말입니다. 「요즘 육아 금쪽같은 내 새끼」를 보면 금쪽이와 허심탄회하게 대화하는 장면이 나옵니다. 같은 눈높이에서 물어보면 아이들은 예상외로 잘 얘기합니다.

그렇습니다. 우리가 놓친 것은 바로 대화입니다. 상대방의 입장을 고려해야 한다는 대화의 기본 예절을 놓치고서는 아이가 떼를 쓴다고 생각했던 것이죠. 아이가 부모처럼 조리 있게 말을 잘할 수는 없습니다. 논리정연할 수도 없죠. 몇 번 대화를 시도했다가 예상되는 반응이 나오지 않으면 과거로 회귀하는 패턴에서 벗어나야 합니다. 아이에게 맞는 방식으로 대화를 유도해야 하는 것이죠.

아이와 대화가 잘 안 된다는 생각이 든다면, 오늘 아이에게 건넨 대화를 떠올려보세요. 지시나 명령 형태로 말한 경우가 대부분일 겁니다. 질문을 할 때도 닫힌 질문을 하는 경우가 너무 많았을 거예요. 닫힌 질문은 단답형으로 답변할 수 있는 질문을 말합니다. "오늘 숙제 했어? 안 했어?", "문제집 몇 장 풀었어?" 같은 형식의 질문이죠. 이보다는 열린 질문을 해야 아이의 기분이나 생각을 알 수 있습니다. "오늘 기분 어땠어?", "오늘 제일 재미있었던 게 뭐야?" 이런 질문을 해야 합니다. 아이가 자신의 생각을 좀 더 자연스럽게 얘기할 수 있도록 부모가 자신의 이야기를 담담히 얘기해주는 것도 효과적입니다.

레스토랑에서 빨리 나가자고 말한 아이의 예시를 들면 이렇게 얘기를 건네볼 수 있습니다. "OO아, 너 여기 오고 싶어 했잖아. 그런데 갑자기 가자고 하는 이유가 분명히 있을 거야. 왜 가고 싶은 거야? 엄마, 아빠가 이유를 알면 ○○이를 훨씬 더 잘 이해할 수 있을 거 같거든. 왜 집에 가자고 했는지 좀 알려줄래?"라고 말해보는 것이죠.

많은 부모가 본인은 자녀와 수평적으로 잘 얘기한다고 생각합니다. 하지만 의외로 아이의 말문을 막아버리는 지시를 내릴 때가 굉장히 많습니다. 특히 아이가 예상치 못한 반응을 보이면 감정적으로 대할 때가 많습니다. 이럴 때 필요한 게 '연습'입니다. 오늘 아이에게 반드시 들려주고 싶은 말을 아이가 없을 때 거울을 보면서 연습해보면 어떨까요.

얼마 전 퇴근길에 지하철역에서부터 아파트 단지까지 같이 걸어간 어느 분의 뒷모습이 아직도 잊히지 않습니다. 집으로 가는 내내 혼자서 "오늘 학교 잘 다녀왔어?", "밥은 맛있게 먹었어?" 하고 나긋나긋한 톤으로 연습하고 있었습니다. 아이들은 분명 엄마의 작은 노력을 알아차릴 겁니다.

아이와 대화하는 것을 녹음하는 것도 좋은 방법입니다. 자각보다 더 좋은 행동 변화 방법은 없다고 생각해요. 기사를 쓰기 위해 녹취한 내용을 다시 들어볼 때마다 저는 깜짝 놀라곤 합니다. 상대방의 말이 무슨 의미인지 제가 잘 이해하지 못하고 감정적으로 반응하는 경우가 많기 때문이죠. 행간의 의미를 좀 더 세밀하게 파악하지 못했음을 깨닫곤 합니다. 그러면서 저의 부족한 점을 알게 됐고, 다음번 인터뷰할 때는 좀 더 보완하기 위해 노력했습니다. 만약 녹취한 내용을 들어보지 않았다면 저는 아직도 부족한 내용을 자각하기 어려웠을 것이고, 이를 보완하기 위해 노력할 기회도 얻지 못했을 것입니다.

저는 아이와 제가 모두 몸과 마음이 여유 있는 순간인 잠자리에 들 때를 집중적으로 활용합니다. 몸과 마음이 이완되면 본심이 자연스레 나오기 때문이에요. 아이와 불편한 일이 있었던 날, 잠자리에서 일부러 일상과 관련된 다양한 말을 많이 꺼냅니다. 그렇게 얘기하다 보면 다양한 주제로 말하는 순간에 아이의 생각을 알 수 있습니다. 의도하지 않고 대화할 때에 아이의 진심이 나옵니다.

아이가 잘 독립할 수 있도록
부모는 아이의 정보를 제대로 다뤄야 한다

이러한 노력은 비단 유아기에만 필요한 게 아닙니다. 초중고에 입학해서도 마찬가지죠. 요즘 중고등 부모님들 사이에서는 입시 컨설팅이 유행이에요. 아이의 현재 상태를 분석해서 이에 걸맞게 로드맵을 짜주는 것이죠. 이런 역할을 해주는 사람을 '입시 컨설턴트'라고 합니다. 「교육대기자TV」에도 입시 컨설턴트 여러 분을 모셨습니다. 그분들은 부모가 본인들보다 아이의 상태에 대해 더 많이 알고 있다고 말합니다. 아이의 공부 습관이나 성적, 성격 등 정보가 굉장히 많다고 말이죠. 그런데 그것을 활용하지 않고 대입에 대한 바람만을 가지고 자신들을 찾아온다고 합니다. 어떻게든 대학만 가게 도와달라고 하는 경우도 허다하다고 했습니다.

그렇다면 좋은 대학에 합격하면 끝인 걸까요? 지금 당장에야 모두 다 입시를 향해 달려가기 때문에 대입이 전부인 것처럼 보일 수도 있습니다. 하지만 그것이 착각임을 사회인인 우리는 너무 잘 알고 있습니다. 대입이 목표가 아니라 우리 아이가 사회인으로 잘 성장하는 것이 목표가 되도록 노력해야 합니다. 아이가 자신의 꿈을 향해 자신의 길을 찾아가는 것이 끝임을 우리는 알아야 합니다. 그러기 위해 우리는 아이에 대한 정보를 최대한 활용해 아이가 잘 독립할 수 있도록 도와야 합니다.

아이비리그 합격생을 전화 인터뷰했을 때의 일입니다. 2000년대 초만 해도 하버드대, 예일대를 비롯해 아이비리그에 들어가는 게 많은 학생과 학부모들의 로망이었습니다. 그 학생은 아이비리그 중에서도 정말 들어가기 힘들다는 유명 대학에 합격했습니다. 수백 대 1의 경쟁률을 뚫었기에 화제가 될 만했죠. '입시 준비할 때 가장 주안점을 뒀던 것' 등을 물었습니다. 그런데 제가 질문하면 답변이 30초~1분 뒤에 돌아오는 거였어요. '대답하는 데 시간이 오래 걸리는 학생이구나'라고 생각하는데, 아주 작게 대화하는 소리가 들렸습니다. 학생이 아주 작은 목소리로 옆에 있는 어머니한테 질문 내용을 알려주고, 어머니는 대답할 내용을 알려주고 있었습니다. 학생은 앵무새처럼 어머니의 답변을 자신의 답변인 양 제게 말했죠. "엄마가 알아서 얘기해줘. 빨리 빨리" 이런 목소리가 들리는 순간, 과연 이 학생이 다른 학생에게 소개할 만한 인재인지 회의가 들었습니다.

서울대병원 강남센터 정신과 윤대현 교수를 인터뷰한 적이 있습니다. 학부모 상담을 많이 하는 그는 자녀 때문에 힘들다는 부모를 자주 본다고 했습니다. 학부모 상담은 늘 예약 시간을 넘기기 일쑤라고 했어요. 아이의 시시콜콜한 문제점을 줄줄이 이야기하기 때문이죠. 그런 부모에게 윤 교수님은 '아이가 좋아하는 것은 무엇인지' 꼭 물어본다고 했습니다. 그러면 대부분 대답을 못 한다고 했어요.

우리는 아이에 대해서 정말 많은 것을 알고 있습니다. 그런데 그 정보를 제대로 활용하지 못하고 있습니다. 좀 더 장기적인 관점에서 아이를 이해하고 바라봐야 할 이유입니다.

02

현재를 잘 파악하고
변화를 감지하는 아이

앞으로의 환경은
끊임없이 변화할 것이다

2014년생 첫째, 2019년생 둘째를 키우는 것은 정말 많이 다릅니다. 일단 성격이나 기질 등 개인적인 특성에서 차이가 있지만 아이를 둘러싼 환경이 달라진 것도 한몫합니다. 게다가 '코로나'는 결정적 차이를 만들어냈습니다. 코로나가 한창일 때 육아하신 분들은 모두 같은 경험을 하셨을 거예요. 아이를 데리고 자유롭게 밖에 나갈 수도 없었고, 나가더라도 마스크를 안 쓰겠다는 아이와 매일같이 전쟁을 치렀을 겁니다. 어린이집 생활도 이전과는 많이 달라졌죠. 툭하면 확진자가 나와서 안 가는 날이 가는 날보다 많았고, 어린이집에서는 다른 친구들과 접촉하는 것을 경계하는 생활을 해야 했습니다.

확실히 코로나 이후에 육아와 교육을 한 부모의 고민은 이전과 크게 다릅니다. 특히 저처럼 유아 자녀를 둔 분들은 아이의 사회성과 언어 발달이 큰 걱정거리입니다. 다른 아이와 상호작용할 수 있는 기회가 현저하게 줄어들었기 때문이죠. 저도 어린이집 선생님과 상담할 때면 사회성에 대해 질문을 했습니다. 이는 어린이집 선생님들도 체감하는 현상이에요. 이전과 비교해 아이들이 또래와 어울리는 모습이 많이 달라졌다고 입을 모읍니다. 친구들을 어떻게 대해야 할지 몰라서 당황하는 아이, 집이 아닌 다른 곳에서 마스크 벗는 것에 공포를 느끼는 아이도 많습니다.

언어 발달도 이전과는 달라진 고민거리입니다. 국회 보건복지위원회 정춘숙 더불어민주당 의원과 시민단체 '사교육없는세상'이 지난해 설문조사한 결과는 시사적입니다. 서울·경기 지역 국공립 어린이집 원장, 교사와 학부모 총 1,451명을 대상으로 '코로나19로 인한 아동 발달 변화'에 대해 물었더니, 원장 및 교사의 75퍼센트가 '마스크 사용으로 언어 노출과 발달 기회가 감소했다'고 응답했습니다. 같은 설문에 학부모도 52퍼센트로 절반 넘게 공감했습니다. 언어 능력이 확장되어야 하는 시기에 입모양이나 표정 없이 오로지 소리로만 메시지를 전달하다 보니 소통 능력에 문제가 생긴 것이지요.

그렇다면 학교의 상황은 어땠을까요. 갑자기 시작한 원격수업은 혼란 그 자체였습니다. 수업을 해야 하는 선생님, 수업을 들어야 하는 학생, 그것을 지켜보고 도와줘야 하는 부모 모두 마찬가지였죠. 특화된 방식이 아니라 기존 교과 내용을 온라인으로 그대로 옮겨서 수업하는 와중에 곳곳에서 삐걱댔어요. 일방적인 수업에 아이들은 책상에 오래 앉아 있기 힘들어했고, 컴퓨터만 켜놓은 채 딴짓을 하는 일상이 지속됐습니다. 그로 인해 나타난 것이 바로 모두를 공포에 떨게 한 '코로나로 인한 학습 격차'입니다.

코로나로 달라진 지난 3년은 세상이 얼마나 빠르게 변할 수 있는지를 우리 모두 체감하는 시간이었습니다. 그런데 우리는 이를 통해 또 한 가지 사실을 깨닫게 됐어요. 앞으로 이런 변화는 계속 찾아올 것임을 말이죠. 그게 코로나 같은 감염병의 형태든, 아니면 인공지능(AI)으로 인한 기술 혁명이든 이전과는 차원이 다른 세상의 변화는 지속적으로 일어날 것입니다.

그렇다면 이렇게 빠르게 변화하는 세상에서 우리는 아이들을 어떻게 가르쳐야 할까요. 이런 거대하고 중요한 물음의 답을 찾아야 하지만, 그에 대해 알려주는 곳은 안타깝게도 없습니다. 정부 차원에서 앞으로의 시대에는 이런 능력이 필요하고 지금 우리의 문제는 이런 것이니 이렇게 아이들을 교육시켜야 한다고 제시해주면 좋겠지만, 현재로선 그런 도움을 기대하기 어려워 보입니다.

급격히 변화하는 시대에 대비하는
지극히 현실적인 전략

흔히 교육은 사회의 여러 분야 중 가장 느리게 변화하는 분야라고들 합니다. 변화를 위해서는 검증이 필요한데, 교육의 경우 검증하는 데 시간이 많이 걸리기 때문이죠. 필요성을 느끼고 검증했더라도 그것을 체계적인 커리큘럼으로 만들어 학생들에게 알리기까지는 또 추가적으로 시간이 걸립니다. 그리고 그것까지 이루어졌다고 하더라도 오랜 기간에 걸쳐 흔들리지 않는 대입이라는 시스템에 무너질 수도 있습니다.

대표적인 예가 바로 '코딩 교육'입니다. 2010년대 초반부터 4차 산업혁명이 시대의 화두가 됐습니다. 이에 대비하기 위해서 코딩이 중요한 능력으로 떠올랐죠. 교육계에서도 코딩을 필수로 도입하려는 움직임이 나타났습니다. 그러자 학부모들 사이에서는 '국영수코(코딩)'라는 말이 생길 정도로 코딩 붐이 일었죠. 그런데 막상 뚜껑을 열어보자 실체는 달랐어요. 중고등학교에서는 정보 과목을 통해 코딩을 배울 수 있는 기회를 줬을 뿐이었고, 초등학교에서는 1년에 고작 17시간 가르치는 것에 그쳤습니다. 그것도 단순 이론에 불과해 제대로 된 코딩 교육이라고 할 수 없었죠. 그나마 대입에 중요한 과목이 아니라 선택하는 학생도 소수에 불과했습니다.

그렇다면 미래학자들의 생각은 어떨까요? 미래학자들도 뾰족한 해법을 제시하는 것은 어려워합니다. 한 미래학자는 미래를 예측한다는 것은 예언에 가까운 불가능한 영역이라고 강조했습니다. 다만 미래를 대비하는 전략으로 두 가지로 제시했어요. 첫 번째는 익스플로러(explorer, 탐험가) 전략입니다. 남들보다 한 발 앞서서 새로운 것에 도전을 아끼지 않는 전략이죠. 두 번째는 익스플로이트(exploit, 경작자) 전략입니다. 현재를 기반으로 생각하고 계획을 수립하는 것입니다. 이 두 가지 전략 중 부모가 선택해 아이를 이끌어줘야 한다고 덧붙였지요.

저 역시 미래가 어떻게 변할 것인지 예측하는 것은 불가능하다고 생각합니다. 따라서 지금이 어떤 상황인지 파악하고 변화의 흐름을 민감하게 감지하는 능력이 중요하다고 생각해요. 앞으로의 세상이 이전과는 혁명적으로 바뀔 거라는 판단이 들면 익스플로러 전략을 써야 할 것이고, 그렇지 않으면 익스플로이트 전략이 현명한 판단일 테니까요. 미래를 정확히 예측할 수 없기에 순간순간 변화에 민감하게 반응해야 합니다. 그리고 앞으로 어떤 전략으로 대응할지 계획을 세워야 합니다. 세계 최고의 부호로 꼽히는 일론 머스크Elon Musk는 사업을 시작하고 나서 수많은 다양한 실험을 하면서 이런 능력을 키웠고, 때에 맞춰 과감한 실험을 단행하며 큰 성공을 이룰 수 있었죠.

우리의 뇌는 경험을 바탕으로 생각합니다. 예를 들어 우리가 다른 세대를 이해하지 못하고 때로는 다른 성별도 이해하지 못하는 이유는, 자신이 경험해보지 않았기 때문입니다. 그간 살아온 세상이 변할 수도 있음을 스스로 인지하지 못한다면 대응 전략을 짤 수 없겠죠. 따라서 항상 주변 상황에 관심을 기울일 필요가 있습니다. 그런데 많은 아이들이 매일 학교와 학원에 쫓기는 일상에 시달리느라 세상의 변화를 면밀하게 받아들일 기회를 갖지 못합니다. 세상이 아무리 바뀌어도 내가 경험하는 세상이 다람쥐 쳇바퀴같이 돌아간다면, 변화를 체감하거나 발 빠르게 대응하기 어렵습니다.

눈치는 아이에게
반드시 필요한 능력이다

주변 상황을 민감하게 살피는 것을 우리는 '눈치'라고 말합니다. '눈치'의 사전적 정의는 '남의 마음을 그때그때 상황으로 미루어 알아내는 것'입니다. 흔히 말이나 상황의 맥락에 맞춰 원인과 결과를 고려하거나 파악하는 능력을 말하죠.

그런데 이 눈치를 대하는 부모의 태도는 시기에 따라 다릅니다. 아이가 어렸을 때 눈치는 피하고 금기시할 대상이죠. 아이가 눈치를 보면 '자신감 부족'으로 여깁니다. 부모는 아이가 주눅 들지 않고 원하는 대로 행동하기를 바랍니다. 그래서 눈치 보지 말라고 말하곤 하죠. 주변에서는 이런 말도 합니다. '어떻게 했기에 아이가 눈치를 보느냐'고 말이죠. 그래서 눈치 없는 것을 미덕으로 여기거나 대수롭지 않게 생각합니다.

그런데 아이가 성인이 되면 달라집니다. 성인에게 눈치는 반드시 갖춰야 할 권장 덕목이죠. 성인이 됐는데도 눈치 없이 행동하는 것은 문제라고 여깁니다. 눈치를 사회생활을 하는 데 필요한 센스라고 생각하기 때문이지요. 눈치는 시기와 상관없이 아이에게 필요한 능력입니다. 그리고 앞으로는 더욱 필요한 능력이죠. 눈치는 다른 사람의 기분이나 돌아가는 정황을 재빨리 파악하고, 그것에 맞게 상황을 이끌어나가는 중요한 '능력'입니다.

우리가 눈치에 대해서 선입견을 갖는 것은 눈치를 보는 행동 자체가 아니라 그래야 하는 상황이 대부분 불합리하거나 원칙에 맞지 않기 때문입니다. 이것을 구분할 필요가 있어요. 무엇을 해야 하는지 명확하고, 어떻게 해야 할지 정해졌다면 눈치 보는 것 자체를 나쁘게 생각할 필요가 없습니다.

물론 강자가 불합리하고 권위적으로 대할 때 힘에 의해 발생하는 눈치는 괴로운 일입니다. 이런 이유로 아이가 눈치를 본다면 분명 부모의 지도 방법에 잘못이 있는 겁니다. 매사 권위적으로 '네가 잘못한 거야' 하면서 아이의 태도를 평가해온 것은 아닌지 돌아볼 필요가 있어요. 아이의 잘잘못을 엄하게 따져 들고, 행동과 태도를 엄격하게 통제해도 아이는 이런 모습을 보입니다. 이러다 보면 아이는 자신 있게 할 수 있는 일도 부모의 눈치를 보며 주저하게 됩니다. 부모의 감정 표현이 모호하거나 감정 기복이 심할 경우에도 그럴 수 있습니다. 똑같은 상황인데 어제와 오늘 대응 방법이 다르면 아이는 불안해하며 부모의 기분을 살피게 됩니다.

그러나 이런 경우를 제외하고는 '눈치를 보는 것'이 반드시 필요해요.

불합리하고 권위적이지 않은 상황을 만들고, 아이가 눈치를 보도록 유도해야 합니다. 권력과는 관계 없는 상황에서 아이가 주변을 살피고 판단할 수 있도록 의견을 물어보기를 권합니다. 다른 사람의 기분은 어떨지 질문을 던지는 것도 좋습니다.

미래를 위해 '코딩' 교육보다 더 중요한 것
내가 있는 '현재'를 잘 파악하기

아이에게 올바른 눈치를 키워주기 위해 제가 추천하는 방법은 두 가지예요. 신문을 보는 것과 사람들이 많은 곳에 데려가는 것입니다. 신문은 그야말로 지금 우리가 처한 상황을 가장 잘 드러내는 사건과 사고의 보고이죠. 아이와 신문을 보면서 세상 돌아가는 이야기를 해보는 것도 좋습니다. 저희 첫째 아이는 아직 신문을 혼자서 자유롭게 읽을 만한 수준이 아니기에 사진 위주로 살펴보게 합니다. 그러면서 가끔 툭 하고 질문을 던집니다. 사진을 보고 "저 사람의 기분은 어떨까", "이런 일은 왜 벌어졌을 거라고 생각해?", "이 사건이 왜 요즘 화제일까?" 이렇게 말입니다.

사람이 많은 장소에 데리고 가서 다른 사람의 기분이나 상황을 파악하게 해보는 것도 좋은 방법입니다. 저는 아이를 시장에 자주 데리고 갑니다. 그런데 그것보다 좋은 방법은 대중교통으로 이동하는 것입니다. 어렸을 때부터 차를 타고 편하게 이동하는 데 익숙해지면 창밖의 세상을 자신과 무관하게 여기기 쉽습니다. 거리에 지나가는 사람들의 표정을 살피지도 못합니다. 그런데 대중교통을 이용하면 다른 사람을 마주할 수밖에 없습니다. 그리고 불편한 상황도 겪어야 합니다. 지하철역이나 버스정거장까지 걸어가야 하고, 차가 올 때까지 기다려야 하며, 누가 나를 밀치고 갈 수도 있습니다. 그 과정에서 다른 사람의 행동이 나에게 어떤 영향을 줄 수 있는지 어떤 나비 효과를 불러오는지 조금씩 깨달을 수도 있습니다. 또한 평소 만나는 비슷비슷한 부류의 사람이 아닌 다양한 사람을 만날 수 있다는 장점도 있습니다.

저는 어렸을 때부터 이런 훈련이 필요하다고 생각해요. 미래를 대비하기 위한 능력으로 코딩을 배우는 것보다 훨씬 더 중요합니다. 코딩은 마음만 먹으면 몇 달 안에 배울 수도 있고, 학교에서 배우기 어렵다면 학원에서 배워도 됩니다. 하지만 다른 사람의 행동과 현재 돌아가는 상황에 관심을 기울이는 자세는 한순간에 길러지는 것이 아닙니다. 때문에 지금 이 시기에 반드시 해야 할 일입니다.

03

요즘 시대에 적합한
자녀교육이 필요하다

아이들의 생각과 행동은
부모 세대 때와는 확연히 다르다

서울 유석초등학교 김선호 선생님이 6학년 1학기 2단원 국어 교과서에 실린 황순원의 작품 「소나기」에 대해 수업했을 때의 일입니다. 「소나기」는 한적한 시골 마을을 배경으로, 시골 소년과 도시 소녀의 순수한 사랑을 그려낸 소설입니다. 선생님은 소녀가 소년에게 "바보!"라고 하면서 돌멩이를 던지는 장면에 대한 아이들의 생각을 물었습니다. 한 남자아이가 손을 들더니 "선생님, 이거 돌멩이에 맞기라도 하면 학교폭력 아닌가요?"라고 진지하게 답했습니다. 여자아이들은 답답함을 느꼈다고 말했습니다. 소년이 마음에 들면 가서 사귀자고 하면 되지 애꿎게 돌멩이는 왜 던지느냐고 말이에요.

가장 충격적인 장면으로는 소녀가 넘어져서 생채기가 나서 피를 흘리는 장면을 꼽았습니다. 소년이 입으로 피를 빨아내고 약초를 가져와서 치료해주는 장면이 놀랍다는 거였죠. 입 속에 세균이 얼마나 많은데 어떻게 상처를 입으로 빨 수 있느냐고, 소독약으로 소독해주는 게 마땅하다고요. 물론 소년이 소녀를 보호해주려는 마음이라는 건 알겠으나 이건 마치 성추행 같지 않냐고도 말했습니다.

그렇다면 공감 가는 부분은 없었느냐고 질문했습니다. 소녀가 소년과의 추억이 담긴 옷을 그대로 입혀서 땅에 묻어달라고 하는 부분에서는 공감의 목소리가 많이 나왔습니다. 아이들에게 그런 일은 없을 것이고 절대 없어야 하지만, 혹시 그런 상황이 되면 어떤 것을 간직하고 싶으냐는 선생님의 질문에 아이들은 이구동성으로 '스마트폰'이라고 답했다고 해요. 소녀의 옷에 소년과의 추억이 묻어 있듯이, 친구들과의 추억이나 기록들이 스마트폰에 모두 담겨 있다면서 말이죠.

선생님은 매년 「소나기」 수업을 할 때마다 아이들의 감성이나 생각이 부모 세대와는 많이 다르다는 것을 깨닫게 된다고 했습니다. 생각지도 못한 이색적인 대답을 진지하게 말하는 아이들이 놀랍기만 하다고 덧붙였습니다.

'다름'을 '틀림'으로 볼 때
아이와의 괴리감은 더욱 커진다

저도 아이들을 대할 때 놀라는 순간이 많습니다. 첫째 아이는 경제관념이 투철한 편인데, 종종 어떻게 하면 돈을 많이 벌 수 있느냐고 질문합니다. 한번은 제가 중고 거래 앱인 '당근마켓'에 물건을 파는 모습을 보고는, 자신이 안 쓰는 물건을 팔아달라고 하더군요. 진지하게 얼마를 받으면 될지 경제적인 효용을 따지면서 말이죠. 오랜만에 만난 친척들이 용돈이라도 주면, 은행에 가서 예금하자고 성화를 부리기도 해요. 가장 당황스러운 것은 부자가 되고 싶다고 공공연히 말할 때입니다. 자신은 꼭 부자가 될 거라면서 부자는 얼마가 있어야 하는지를 대화의 주제로 삼기도 합니다.

제가 아이 또래였을 때를 돌이켜보면 상상도 할 수 없는 생각이죠. 그 당시 저는 부자에 대한 개념조차 어슴푸레했던 것 같습니다. 처음에는 어린아이가 왜 이렇게 돈을 밝히나 싶었습니다. 그런데 아이를 둘러싼 환경을 보자 납득이 갔어요.

지금 이 사회를 한번 살펴보세요. 어디 가든 돈 얘기를 정말 많이 합니다. 신문은 하나같이 부자에 관한 기사로 도배돼 있고, 미디어에서는 돈과 재테크 얘기가 쏟아져 나옵니다. 우리가 학교 다닐 때보다 요즘 아이들은 돈을 체감할 일이 많아진 것이죠. 아이들은 이미 돈이 있어야 잘 살 수 있다는 것을 잘 알고 있습니다. 돈이 있어야 고가의 스마트폰을 살 수 있고, 자기가 원하는 물건을 살 수 있다는 것을요. 친구들끼리 가정형편에 대해 가감 없이 얘기하는 것도 흔히 볼 수 있는 모습입니다.

이런 상황에서는 '돈을 왜 이렇게 밝히느냐'며 돈에 대한 이야기를 금기시하거나 꺼리기보다는 아이가 올바른 경제관념을 빨리 익히도록 경험을 제공하는 것이 훨씬 낫습니다. 돈에 대해 올바른 생각을 할 줄 알아야 한다고 가르치는 것이 요즘 시대에 더 맞는, 필요한 일입니다.

우리가 학교 다닐 때는 저축이나 소비에 대한 개념만 배웠지 제대로 된 현실 경제는 등한시됐죠. 은행이나 주식 계좌를 만드는 것조차 배우지 못했습니다. 그런데 사회에 나오면 투자를 잘하는 사람은 능력 있는 사람으로 인정받고, 그렇지 못한 사람은 능력이 없는 사람으로 평가받습니다. 주변에서 투자로 남들 몇 년 치 연봉만큼 돈을 벌었다는 사람은 미담처럼 회자됩니다. 이제 더 이상 소비를 줄이고 저축하는 것만이 정답인 세상은 아닌 것이죠.

우리 아이들이 살아가야 할 세상은 지금보다 더 많이 달라질 것입니다. 그런데 많은 부모가 예전 방식을 고집하며 '다름'을 '틀림'으로 이해할 경우, 아이들은 괴리감을 느낄 수밖에 없습니다. 변화에 능동적으로 대응하기도 어렵죠. 부모가 자신이 살았던 방식을 강요한다면, 우리 아이들은 미래가 아니라 과거에 머물 수밖에 없습니다.

04

세상의 흐름에
올라타라

지나친 경쟁의 고리가
만들어낸 악순환

변화를 인정하고 아이에게 맞는 교육이 무엇인지 고민하다가도 브레이크가 걸리는 순간이 있습니다. 바로 '대입'입니다. 아이에게 뭐든 다양한 경험을 만끽하게 해주고 싶지만, 대학 앞에서 멈추는 부모가 많습니다. 일단 대학은 가고 그다음에 방법을 찾아보자는 식이죠. 대학에는 무조건 들어가야 한다며, 초등학교에 들어가는 순간부터 10대를 오롯이 대입 준비를 하면서 보냅니다. 심지어 목표한 대학에 합격하지 못하면 재수나 삼수까지 하며 성인이 된 이후에도 대입을 위해 달리기도 합니다.

사회에서 경쟁이 심해질수록 이런 생각은 더욱 공고해집니다. 취업하기 힘들고 돈 벌기 힘들다고 하니, 대학 간판이라도 든든하면 조금이라도 나아질 것이라고 믿으면서요. 그렇다 보니 취업문이 열린 대학에는 더 많은 학생들이 몰립니다. 흔히 '의치한수약'이라고 말하는 의대-치대-한의대-수의대-약대는 상상도 못 할 만큼 높은 경쟁률을 보입니다. 서울 주요 의대라 불리는 6개 의대는 매년 수백 대 1의 경쟁률을 기록할 만큼 많은 학생들이 몰립니다. 비단 서울권뿐만이 아닙니다. 2023학년도 인하대 의대 논술전형은 648 대 1이라는 경쟁률을 기록했습니다. 즉, 1명의 자리를 놓고 648명이 경쟁을 한 것입니다.

다른 분야라고 크게 다를 것 없습니다. 거의 모든 분야에서 경쟁이 치열해지고 있습니다. 해마다 취업 경쟁률은 높아집니다. 대기업에 들어가는 것은 낙타가 바늘구멍을 통과하는 것만큼이나 어려운 일입니다. 어느덧 40대가 된 제 주변에는 벌써부터 은퇴를 고민하는 사람들이 많습니다. 회사에서 나가라고 말하기 전에 본인이 그만두는 게 맞는 것 아닌가 하면서요. 수많은 청년들이 이런 경쟁에 지쳐 결혼, 출산, 내 집 마련을 포기하는 일도 많아지고 있습니다.

이런 분위기 속에서 명문대, 전문직 선호 현상은 계속되고 있습니다. 우리 아이가 조금이라도 더 유명한 대학에 가면 이런 경쟁에서 유리해질 것이라는 희망을 품는 것이지요. 충분히 좋은 대학에 합격했는데도 더 좋은 대학에 들어가기 위해 재수를 하라거나 의대를 향해 매진하라고 권유하는 일도 있습니다. 그런데 참 아이러니한 것은 이렇게 대학 선호 현상이 심화되고 대학 졸업장을 고교 졸업장처럼 당연하게 여기고 있는 상황인데, 대학들의 고민은 점점 커진다는 것입니다.

지역 대학의 고민이 심각하다는 것은 아마 다들 짐작할 겁니다. 오죽하면 벚꽃 피는 순서대로 사라진다는 말이 있을까요. 학생 수 감소와 등록금 동결은 지역 대학의 재정 기반을 흔들고 있습니다. 게다가 '인서울' 대학 선호까지 겹치며 정원을 채우지 못한 많은 지역 대학이 존폐 위기를 느끼고 있습니다. '인서울' 대학이라고 해서 별 문제가 없는 것도 아닙니다. '인서울' 대학은 더 좋은 대학에 가겠다고 자퇴하는 학생들 때문에 골머리를 앓습니다. 자퇴율이 높다는 것은 대학으로선 그만큼 심각한 일이죠. 그래서 조금이라도 더 많은 학생을 모집하기 위해 매년 입시 제도를 바꾸고 해외에서 유학생을 모집하기 바쁩니다.

그렇다면 수많은 학생들이 선호하는 소위 최상위 대학, SKY와 서성한은 고민이 없을까요. 아이러니하게 이들도 고민과 한숨이 큽니다. 학생들의 수준이 예전 같지 않기 때문이죠. 대학 관계자를 만나보면 매년 학생들의 수준이 떨어진다고 말합니다. 수능 점수가 높을 뿐이지 학생들의 역량이나 잠재력이 높은 것은 아니라는 거죠. 기업들로부터 쓸 만한 인재가 없다는 핀잔을 듣는다고도 합니다. 세계적인 인재로 길러내야 하는데, 그러기 위해서 재교육에 너무 많은 투자가 필요하다는 것이죠. 수험생들이 점수를 잘 받기 위한 공부만 한 탓입니다. 물리학과를 지망한 학생이 고등학교 때 물리 과목을 선택하지 않고 대학에 들어오는 경우도 허다합니다. 최근 서울대와 한양대에서는 대학에서 고등학교 수준의 물리 수업을 기초 과목으로 가르치는 웃픈 현실까지 나타나고 있어요.

대학에 대해 많은 학생들이 자기를 더 발전시키는 밑거름이나 동력으로 활용하지 않습니다. 대학에 합격하는 것 자체가 목적이라고 생각하기 때문입니다. 대학을 나온 이후를 생각하거나, 대학에서 자신의 능력을 어떻게 더 발전시켜야겠다는 장기적인 접근으로 대학을 생각하는 학생은 거의 없습니다.

다가오는 미래에
대학 타이틀보다 더 중요한 것

대2병이라는 말이 있어요. 학부모들은 대입에 영향을 주는 사춘기나 중2병만 중요하게 생각하는데, 저는 대2병이 더 큰 문제라고 생각합니다. 대2병은 청소년기에 사춘기로 방황하듯이 대학 2학년 때쯤 자신의 불확실한 미래를 두려워하며 극심한 불안을 느끼는 증세를 일컬어요. 무엇을 해야 할지 몰라 의욕을 잃고 무기력에 빠지거나 자신감이 바닥을 치면서 우울감이 계속되기도 하죠.

2017년 방송된 「SBS 스페셜」의 '대2병 학교를 묻다'에 따르면 우리나라 대학생의 66퍼센트가 대2병을 겪는다고 해요. 그 이유는 수능과 입시의 맹목성과 무관하지 않습니다. 수능과 입시라는 거사를 치르는 데 모든 에너지를 쏟아붓기 때문에 대학에 와서 번아웃되는 거죠. 1학년 때 놀기만 하다가 대학교 2학년이 되면 심화된 전공 공부 앞에서 많은 학생이 당황합니다. 한 번도 전공 분야에 대해 진지하게 생각해보지 않은 탓입니다. 전공 분야의 심화된 내용을 마주하면서 '나는 앞으로 어떻게 살아야 할까', '전공이 나한테 맞는 것일까' 생각하게 되는 것이지요.

어찌 보면 당연한 결과입니다. 우리 아이들은 오로지 대학에 가기 위한 '공부' 하나만 바라볼 것을 강요당합니다. 다른 것에 관심이라도 보이면 "나중에 생각해", "딴 생각 하지 말고 공부나 해", "대학 가면 그때 해"라는 반응이 돌아옵니다. 부모가 학벌에 맹목적일수록 아이는 더욱 그것이 당연하다고 여기게 됩니다.

하지만 미국 등 선진국은 다릅니다. 물론 미국에서도 명문대의 인기는 높아요. 명문대 입시는 상당히 치열합니다. 하지만 대학이 자신의 삶에 도움이 되는지 진지하게 생각하고 판단한 다음에 지원한다는 점에서 우리와 다릅니다. 전공을 선택하는 과정도 마찬가지죠. 그럴 만한 가치가 없다고 판단하거나, 좀 더 사회 경험을 쌓고 싶다면 학교를 그만두는 것도 서슴지 않아요. 우리처럼 조금 더 나은 대학에 진학하려고 재수하는 게 아닌 자발적 중퇴인 거죠.

우리나라의 대표적인 석학인 이화여대 최재천 교수님은 하버드대 등 미국의 명문대에서 학생들을 가르쳤을 때 학생들끼리 "너는 언제 학교 그만둘 거야?"라는 말을 많이 하는 것을 보고 놀랐다고 해요. 무조건 졸업장을 따기 위해 대학을 다니는 것은 비효율적이라고 인식하는 거죠. 교수님과 상담할 때도 이와 관련된 질문을 많이 한다고 합니다. 실리콘밸리에서 한 획을 그은 창업자들 중에 대학 중퇴자가 많은 이유는 바로 이런 분위기 때문일 것입니다.

해외에서는 졸업 후 경쟁력을 조금이라도 더 높이기 위해 대학이나 기관을 찾아서 움직이는 경우도 많아요. 이런 분위기에 부응해 '나노디그리Nanodegree'라고 해서 자신에게 필요한 교육이나 기업에서 요구하는 교육을 6개월 내외로 짧게 제공하는 교육 프로그램도 활성화돼 있습니다. 굳이 전공에 도움이 되지 않는 과목까지 수강하느라 4년을 허비하지 않고, 자신에게 필요한 교육만 집중해서 수강해 자신만의 교육 이력을 쌓는 것입니다.

그래서인지 대학 간판에도 크게 연연하지 않습니다. 하버드 대학보다 가기 어렵다고 알려진 '미네르바스쿨'이 대표적인 사례입니다. 미국 아이비리그의 펜실베이니아 대학에서 경제학을 전공한 벤처투자자인 벤 넬슨Ben Nelson이 만든 미네르바스쿨은 캠퍼스 없이 온라인으로 수업하는 대학이에요. 샌프란시스코에 본부를 두고 세계 7곳에 기숙사를 운영하며 학생들이 생활하죠. 수업은 모두 온라인으로 이뤄지는데 기존 주입식 수업이 아닌 머무르는 도시의 기업, 단체와 협업 프로젝트를 진행하는 방식으로 이뤄집니다. 이 혁신 대학은 합격률이 하버드대(4.6퍼센트), MIT(6.7퍼센트)보다 낮은 1.9퍼센트에 불과할 정도로 인기입니다.

해외에서 이런 변화가 일어나고 있지만, 우리나라와는 무관한 것 아니냐고 생각할 수 있습니다. 몇 십 년간 의사가 최고의 직업으로 인정받아왔듯이 앞으로도 그럴 거라고요. 물론 그럴 수도 있습니다. 하지만 지금과 앞으로 우리 아이들이 살아갈 세상은 분명 다를 것입니다. 그 변화의 방향이 어떤 흐름일지 예측하는 것은 불가능합니다. 하지만 지금보다는 더 글로벌화될 것이라는 점에는 이견이 없을 것입니다. 그렇다면 글로벌 인재들 사이에서 우리 아이들이 경쟁력이 있을까요. AI 시대에 AI로 대체되지는 않을까요.

새로운 시대에 올라타는
퍼스트 무버의 도래

저는 적어도 세상의 변화를 감지하고 세상의 변화에 올라탈 준비는 해야 한다고 생각해요. AI에 대체되지 않기 위해 갑자기 코딩을 배우고 미네르바스쿨에 관심을 갖는 급진적인 변화가 필요하다는 게 아니라 앞으로는 지금과 달라질 수 있다는 것을 충분히 인지하자는 얘기입니다. 적어도 부모가 생각하는 것들이 고정관념일 수도 있음을, 정답이 아닐 수도 있음을 열어두고 생각하자는 의미입니다. 우리 아이들의 대학 졸업장이 갖는 의미는 분명 지금과는 달라질 것이기에 대입에 지나치게 많은 시간을 허비하지 말자는 것입니다.

취재를 위해 에듀테크 스타트업 대표들을 만나다 보면 부모의 반대가 심해서 대기업에 입사해 몇 년 시간을 보내다가 창업했다는 경우를 많이 봅니다. 그러다 보니 아이디어를 더 빨리 실현할 수 없었다며 아쉬움을 토로하기도 하죠.

저는 유튜브를 하면서 세상의 변화를 체감하고 있어요. 유튜버로 가장 성공한 사람으로 꼽히는 슈카나 신사임당은 과거의 성공 방식에 맞는 조건을 갖췄으나 성공하지 못한 경우였죠. 슈카는 서울대를 나왔으나 취업이 안돼서 몇 년간 게임에 빠져 지냈고, 신사임당은 한국경제TV PD로 취업했으나 박봉에 시달리며 결국은 자의 반 타의 반으로 창업한 경우입니다. 그런데 유튜브라는 새로운 물결에 올라타 자신의 기량을 가감 없이 보여주면서 부와 명예를 거뒀습니다. 만약 슈카나 신사임당이 과거의 성공 방식에 갇혀서 새로운 도전을 하지 않았다면 지금처럼 성공할 수 있었을까요.

새로운 시대에 올라타는 '퍼스트 무버first mover'가 인정받는 시대입니다. 세상은 우리가 상상할 수 없을 만큼 빠르게 변화하고 있어요. 변화하는 세상에 맞게 준비하고 대비해야 합니다.

카이스트 이광형 총장님께 수많은 제자들 중 한 분야에 획을 그을 정도로 성공한 제자들의 공통점을 물어봤습니다.

"틀에 박힌 생각을 하지 않고 딴짓을 열심히 한 학생들이었죠.
딴짓을 통해 남과 대체되지 않는 자신만의 창의력,
경쟁력을 키울 수 있거든요.
누가 시키는 대로 잘 따라온 친구들은 밥벌이는 잘하는 것 같아요.
그런데 도전을 많이 하고 딴짓을 많이 한 학생은
다른 사람을 먹여 살리는 사람이 되는 것 같습니다."

세상의 변화에 따라가려는 아이들의 다양한 도전이나 딴짓을 허용해 줘야 합니다. 지금부터라도 세상의 변화에 귀를 기울이세요. 미래 리포트와 친해지고 지금 당장이 아닌 몇 년 후의 관점에서 아이를 살펴보세요. 그래야 새로운 변화를 감지한 아이들을 응원해줄 수 있습니다.

부모 실수,
아이에게 들켜야 하는 이유　　　　　　　　　　　w.리사 손

---

interviewee 리사 손

컬럼비아대학교 버나드대학 심리학과 부교수이자 『임포스터』, 『메타인지 학습법』의 저자. 메타인지 전문가로 활동하고 있다.

Q 메타인지를 발휘하기 위해서는 용기가 필요한 것 같다. 자녀에게 용기를 주기 위해 부모는 어떻게 하면 좋을까?

처음 부모가 되면 가면을 쓰게 된다. 완벽한 부모이고자 하는 것이다. 부모 역시 배워나가는 사람이다. 노력하고 학습하는 과정에서 실수할 수 있다. 부모의 시행착오를 통해 아이들은 부모 역시 배우는 과정이고 실수할 수 있다는 사실을 학습하게 된다. 메타인지는 자녀의 학습뿐만 아니라 부모 자신에게도 필요하다.

사회에서는 성공의 단면만 보여준다. 특히 한국에서는 빠르게 성공하면 인정받기 쉽다. 그러다 보니 '잘하는 척'하는 가면을 쓰게 되고 이를 유지하려다 보니 점점 힘들어지는 것이다. 가면증후군을 겪는 사람들은 주위 사람들에게 솔직하게 도움을 요청하지 못한다. 이는 사회생활을 하는 데도 문제가 된다. 솔직하게 말하면 능력이 없다고 비춰질까 봐 메타인지를 활용하지 못하는 것이다.

Q 가면을 떨치기 위해 어떤 노력을 할 수 있을까?

뇌를 불편하게 만드는 '불편한 학습'이 도움이 된다. 가령 다음 주까지 프로젝트를 해야 한다면 나에게 어려운 것부터 먼저 시작하는 것이다. 어렵다는 사실을 인지하고 나면 오히려 불안이 줄어들고 도움을 요청할 수 있다. 이런 모습이 자연스러운 미국과 달리 우리나라 아이들은 가면을 쓰고 있는 경우가 많다.

많은 한국 부모들이 아이가 어려서는 잘하다가 학년이 올라가니까 잘하지 못하고 하기 싫어 한다고 걱정한다. 이는 사춘기 때문이 아니다. 저학년일 때는 가면을 쉽게 쓸 수 있었지만, 더 이상 그러기 어려워진 것일 뿐이다. 결과에만 집중하는 부모의 잘못된 칭찬은 자녀가 계속 가면을 쓰게 만든다.

가면 뒤 아이의 진짜 모습이 보이지 않아도 보이는 척하는 게 필요하다. 칭찬할 때도 과정의 시행착오와 노력을 '아는 척' 인정해주는 것이다. 그럼 아이는 부족한 모습을 부모에게 들켜도 된다고 생각하게 된다. 또 아이가 실수하면 다르게 해보면 된다는 식으로 대수롭지 않게 반응하면 된다. 부모의 생각을 드러내기보다는 자녀에게 말할 기회를 주는 것도 중요하다.

Point　자녀의 성장을 가로막는 '가면', 먼저 부모가 완벽주의에서 벗어나야 한다.

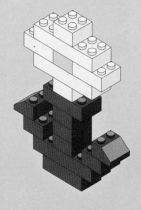

CHAPTER 3

변화

—

아이를 일으키는 부모의 작은 변화

01 아이에게
'가치'를 가르치자

우리 가정에서 가장 중요시 여기는
가치는 무엇인가

영어 과외 선생님으로 시작해 2011년 영어 교육 기업 '쓰리제이에듀'를 성공적으로 키우고, 온·오프라인 브랜디드 러닝기업인 ㈜디쉐어를 창업한 현승원 의장은 30대에 3,000억 원에 이르는 큰 자산을 일군 교육계에서 가장 성공한 인물 중 한 명으로 꼽힙니다. 단순히 돈만 많이 번 게 아니라 지금까지 100억 원 이상 기부하며 자신의 성공을 많은 이들과 긍정적으로 나누고 있죠.

여기까지 들으면 그가 좋은 대학을 나오고 화려한 스펙을 자랑할 것이라 생각하기 쉽습니다. 하지만 그는 학창 시절에 공부를 잘하지 못했습니다. 특히 그의 주전공인 영어는 하위 30퍼센트, 수능에서는 6등급을 받았죠. 공부를 잘한 적도 없고 특별한 재능도 없는 그가 어떻게 이렇게 큰 성공을 거뒀을까요.

한 번이라도 그를 만난 적 있는 사람이라면 그 비결을 단번에 알 수 있을 겁니다. 바로 그만이 가지고 있는 특유의 자존감 때문입니다. 현승원 의장은 이것을 스스로 '미친 자존감'이라고 부릅니다. 그의 말투와 행동에는 뭐든 잘해낼 수 있다는 자신감과 스스로 귀한 존재라 생각하는 믿음이 강하게 배어 있습니다. 지금처럼 성공하기 이전에도 마찬가지였습니다. 탄탄한 내면에서 나오는 특유의 자신감이 늘 넘쳤습니다.

그렇다면 이 자존감은 어떻게 만들어졌을까요. 비밀은 부모님의 남다른 교육관에 있습니다. 현승원 의장은 경기도 안산에서 신실한 기독교 신자인 부모님 밑에서 나고 자랐습니다. 빠듯한 가정 형편에도 그의 부모님은 늘 감사함을 생활화했답니다. 주변 사람을 돕는 것도 잊지 않았죠. 특히 해외에서 선교를 하고 한국에 잠깐 들어온 선교사들에게 방을 내주고 선교 후원금을 전하는 것으로 유명했습니다.

어렸을 때 현승원 의장은 자신에게는 용돈을 박하게 주면서 선교사들에게 후원금을 내어주는 부모님이 도무지 이해가 안 되고 원망스러웠다고 합니다. 그래서 떼를 쓰고 고집을 부려봤지만 돌아오는 것은 늘 부모님의 단호한 메시지였죠. 아빠, 엄마가 서로 합의해 정한 우리 가정의 규칙이니 아들인 너는 이것을 따라야 할 의무가 있다는 것이었어요. 그리고 이렇게 건강하게 태어나 잘 자랄 수 있는 것은 선택받은 축복이니 늘 감사

해야 한다고 가르치셨습니다. 또한 세계지도를 펼쳐놓고 후원하는 선교사들이 있는 나라를 표시하며 많은 이야기를 나눴다고 해요. 그 역시 여덟 살 때부터 용돈의 10퍼센트는 십일조로, 10퍼센트는 선교사 후원금으로 냈습니다.

그의 부모님은 '감사'와 '나눔'이라는 큰 가치에 기반을 두고 그를 가르쳤어요. 그 외의 것들은 부수적으로 여겼습니다. 예를 들어 학교 성적이 낮더라도 한 번도 지적하거나 혼내지 않았습니다. 존재 자체만으로도 귀하기 때문에 성적에 연연할 필요 없다고 알려줬죠. 어려서부터 교회 공동체에서 생활하며 주변 사람들로부터 소중한 사람이라는 메시지를 많이 들었다고 해요. 덕분에 현승원 의장은 공부를 잘하지도 않고 외모가 뛰어나지도 않고 무엇 하나를 특출나게 잘하지도 않았지만 위축되거나 스트레스를 받지 않았다고 합니다.

그러다 대학교 때 우연히 학생을 가르치면서 가르치는 일이 자신의 적성에 맞는다는 것을 깨달았고, 스타 강사가 되고 싶다는 꿈을 꾸게 되었습니다. 하지만 명문대 출신이 아니고, 해외 유학 경험은커녕 영어도 잘 못하는 그를 받아주는 학원은 단 한 군데도 없었죠. 그는 구인 공고를 보고 찾아간 모든 학원에서 거절을 당했습니다. 다른 사람이라면 포기하거나 좌절했겠지만, 그는 달랐어요. 할 수 있다는 믿음 아래 자신을 무시하는 학원 원장들의 말은 마음에 담아두지 않은 채, 오로지 학생을 가르치는 데 집중했어요. 무조건 성적을 높여줘야 한다는 목표 하에 숙제를 똑바로 하지 않은 학생의 집을 여덟 번까지도 찾아가면서 완전 학습을 시켰습니다. 돈을 더 받지도 않고 말이죠. 모든 학생을 진정성 있게 대하고 멘토처럼 조언을 건네주는 것도 잊지 않았습니다. 그렇게 손해를 보더라도 학생 한 명 한 명 최선을 다해 가르치자 일 년 뒤에는 과외 학생이 줄을 이었고, 안산에서 가장 유명한 과외 선생님이 됐습니다.

아이가 좀 더 나은 환경에서 풍족하고 여유롭게 살기를 바라는 것은 아마 모든 부모의 한결같은 바람일 것입니다. 하지만 그것을 실천하는 과정에서 원하는 것을 다해주거나, 좋은 대학에 가면 취업을 잘해서 돈을 잘 벌 거라며 공부만 강조하는 경우가 많죠. 하지만 그것보다 더 중요한 것은 아이에게 반드시 필요한 가치를 가르쳐주는 것입니다. 우리 가정에서 중요하게 여기는 가치라면 더욱더 제대로 알려줘야 합니다. 이것이 그 어떤 것보다 우선해야 할 일입니다.

우리 아이에게는, 우리 가정에는 '가치를 정하는 일'이 필요하다

미국 존스홉킨스대학 케네디 크리거 소아정신과 지나영 교수님은 부모가 자녀에게 주어야 할 것은 '사랑'과 '보호', '가치'와 '마음 자세'라고 말합니다. 그러면서 사랑과 보호는 부모라면 저절로 나오는 것이지만, '가치'와 '마음 자세'는 부모가 아이에게 꾸준히 심어줘야 하는 것이라고 설명합니다. 또한 태어났을 때는 부모와 한 배를 탔던 아이가 자립해서 자신의 배에 올라탈 수 있도록 부모는 '갑판을 닦는 기술'이 아닌 '자신의 길로 멋지게 항해할 수 있는 가치를 가르쳐야 한다'고 강조합니다. 그가 강조하는 가치는 네 가지입니다. 먼저 정도를 걷는 진실성(Integrity)입니다. 두 번째는 맡겨진 것에 최선을 다하는 성실성(Responsibility & Diligence)입니다. 세 번째는 공동체에 보탬이 되는 사람(Contribution)입니다. 네 번째는 우리 모두 같이 살기 위해 남을 배려(Consideration)하는 마음인 기여입니다.

저는 어떤 가치가 중요한지보다 우리 가정에서 중요하게 생각하는 가치가 있는지 없는지 고민하는 게 훨씬 더 중요하다고 생각합니다. 이러한 가치는 아이의 인생에 방향성이 되어줄 것이기 때문입니다. 우리 아이에게 어떤 가치를 알려줄 것인지 한 번이라도 진지하게 고민한 부모와 그렇지 않은 부모는 분명 큰 차이가 있습니다. 부모가 이런 가치를 알려주는 일은 앞으로의 시대에 더욱더 필요한 일이자 반드시 해야 할 일입니다.

지금 세상은 하루가 다르게 빠르게 변화하고 있습니다. 과거에는 변화의 속도가 더뎠기 때문에 살아가는 방식에도 큰 변화가 없었습니다. 그러나 지금은 그렇지 않습니다. 빠르게 변화하는 과정 속에서 자칫 방향성을 잃기 쉽죠. 이럴 때 내재된 가치가 있다면 방황하지 않고 앞으로 나아갈 수 있을 겁니다.

그런데 이런 고민을 진지하게 하는 가정을 거의 볼 수 없다는 사실이 너무 안타깝습니다. 언젠가부터 학교에서 가훈을 적어오라는 일이 없어졌습니다. 그러면서 더욱더 집안의 중요한 가치나 가훈을 생각하는 일이 줄어들었죠. 예전에는 학교에 제출하기 위해서라도 가족 모두 모여 우리 집에서 가장 중요한 가치를 억지로라도 얘기했는데, 이제는 그런 기회조차 없어진 것이죠. 어떤 공동체든 구성원들이 서로 합의해 나아갈 방향을 인지하지 않으면 올바른 방향으로 나아가기 어렵습니다. 이는 가정에서도 마찬가지입니다. 우리 가정에서 가장 중요한 가치를 정하는 일, 그리고 그것을 중심으로 가정을 운영하는 일은 그 무엇보다 중요합니다.

저희 집은 첫째 아이가 여섯 살이었을 때 가족회의를 해서 가훈을 만들었습니다. 먼저 남편과 제가 큰 가이드라인을 정했죠. 저희는 선한 영향력을 펼치며 공동체에 기여하는 가족 구성원이 되자는 의견을 얘기했고, 아이와 대화하면서 이를 좀 더 쉬운 용어로 바꿨습니다. '밥을 같이 먹고 싶은 사람, 밥을 사주는 사람이 되자'고 말이죠. '밥을 같이 먹고 싶은 사람'의 의미는 많은 사람들에게 함께하고 싶은 사람이 되자는 의미이고, '밥을 사주는 사람'의 의미는 주변 사람들에게 베풀고 나누는 사람이 되자는 의미입니다.

아이에게 가치를 실천할 수 있는
시간을 제공할 것

이때 중요한 것이 하나 더 있습니다. 우선하는 가치를 어렸을 때부터 천천히, 그리고 조금씩 실천할 수 있도록 기회를 주는 것이죠. 말로만 가르치고 몸으로 익힐 기회를 주지 않으면, 아이가 이를 오롯이 받아들이고 몸에 익히기 어렵습니다. 예를 들어 '배려심이 있는 아이'로 키우고 싶다면 다른 사람을 배려하라고만 가르치는 데 그치지 말고 직접 배려해서 다른 사람을 도울 기회를 만들어줘야 합니다.

현승원 의장의 부모님은 다른 사람을 직접 돕기 위해 십일조와 후원하는 일을 반드시 하도록 가르쳤습니다. 그것을 실천하기 위해서는 용돈을 아껴 쓰는 것이 중요했죠. 그래서 그의 부모님은 초등학생 때부터 용돈기입장을 쓰도록 지도했고, 예금과 투자도 가르쳤다고 합니다. 그렇게 현승원 의장은 돈을 절약하고 늘려가는 것을 생활화했던 것이죠.

저도 아이에게 주변 사람에게 밥을 같이 먹고 싶은 사람, 밥 사주는 사람이 되라고 강조하는 것에서 그치지 않고 실천할 수 있도록 기회를 줍니다. 처음부터 거창할 필요는 없습니다. 아이의 연령에 맞게 단계적으로 실천하면 됩니다.

요즘 저희 첫째는 야구에 푹 빠져 있습니다. 학교 방과후 프로그램으로 야구를 신청해 위 학년 형들과 열심히 운동하고 있죠. 하루는 더위로 땀범벅된 아이가 집에 오자마자 아이스크림을 찾았습니다. 그래서 "야구를 같이한 형들과 친구들도 아이스크림이 먹고 싶지 않을까"라고 질문을 던지며 그들의 입장에서 생각해보도록 유도했죠. 그리고 아이가 모은 용돈 중 일부로 야구부 30명에게 아이스크림을 돌린다면, 부족한 나머지 비용은 엄마가 내주겠다고 했어요. 그렇게 친구들에게 아이스크림을 사준 날, 아이는 입이 귀에 걸려서 집에 왔습니다.

"엄마, 형들이 고맙대. 나눠 먹으니까 훨씬 맛있는 거 같아."

02 부모 스스로 바뀌어야 할 결정적 시기

아이의 성장에 따라 부모 또한
변화가 필요하다

세계적인 명문대인 하버드대에 세 딸을 차례로 합격시킨 어머니 심활경 씨를 인터뷰했습니다. 사역을 위해 미국으로 이민을 간 목사님의 사모님이었죠. 한 명도 대단한데 자녀 모두를 하버드대에 입학시켰다는 것은 미국 내에서도 화제가 되기에 충분했죠. 미주 한인신문에 대서특필되다 보니 하루가 멀다 하고 자녀교육 문제로 찾아오는 부모가 많았다고 합니다. 특히 사춘기 자녀와의 갈등으로 고민하는 경우가 대다수였죠. 그렇게 젊은 부모를 수없이 만나 상담하는 과정에서 심씨가 발견한 공통점이 있었어요. 어렸을 때는 아이가 예뻐서 그대로 받아주다가 사

춘기에 아이가 이전과 다른 행동을 해서 바로잡으려 하자 아이와의 갈
등이 심해졌다는 것이죠. 심씨는 이것을 '거꾸로 훈육'이라 불렀습니다.
어렸을 때 마땅히 훈육해야 할 시기를 놓치거나 놔두었다가, 한참 시간
이 지나 훈육하는 실수를 일컫는 것이죠.

　제게도 많은 지인들이 자녀교육 문제를 이야기합니다. 「교육대기자
TV」를 시작한 다음에는 일면식도 없는 많은 분들이 메일이나 SNS로
상담 요청하는 경우까지 생겼죠. 고민의 유형은 참 다양하지만, 누가 봐
도 심각한 사건이 터진 다음에 상담을 하는 경우가 많습니다. 심지어 아
이가 학폭에 연루됐거나 자퇴를 결심한 경우도 있었어요. 이를 어떻게
든 막아보고자 지푸라기라도 잡는 심정으로 제게 연락을 하신 분들도
많았습니다. 부모와는 대화하고 싶어 하지 않으니, 대신 아이를 만나주
면 안 되겠느냐고 부탁하는 분도 있었습니다. 그분들의 고민을 한참 듣
다 보면 레퍼토리처럼 공통적으로 나오는 말이 있어요.

　"우리 애가 원래 이러지 않았는데, 착한 애인데."

　많은 부모가 사춘기 갈등의 원인을 '아이가 갑자기 변한 것'에서 찾습
니다. 쉽게 말해, 지금 잠깐 나쁜 물이 들어서 변한 것이니 시간이 지나
면 원래의 모습으로 돌아올 거라고 생각합니다. 그런데 안타깝게도 이
는 부모의 착각이자 잘못된 생각입니다. 원인은 달라진 아이가 아니라
달라지지 않은 부모에게 있습니다.

　아이가 성인이 될 때까지 20년이라는 세월은 정말 긴 시간입니다. 사
람이 태어나 온전히 독립할 수 있는 시간이니까요. 강산이 두 번 변할 이

시간 동안, 아이가 같은 생각을 하고 같은 행동을 한다는 것은 있을 수 없는 일입니다. 그간 아이는 다양한 경험을 하고, 조금씩 자신만의 세계를 구축하고, 결국에는 스스로 독립하게 됩니다. 때문에 부모 역시 아이가 성장하는 과정에 맞춰 아이를 대하는 방식을 달리해야 합니다.

그런데 아이를 한결같이 대하는 것을 미덕으로 생각하는 부모가 많습니다. 아이는 성장하고 심지어 아이를 둘러싼 환경은 하루가 다르게 빠르게 변화하고 있는데, 아이를 똑같이 대하는 것이 과연 맞는 걸까요? 사회의 변화에 맞춰 달라지지는 않더라도, 적어도 발달 단계의 특성에 맞게 대해줘야 합니다.

많은 부모가 중2병, 아이의 사춘기에 두려움을 느낍니다. 방문을 쾅쾅 닫는 아이를 생각하는 것만으로도 힘들다며, 사춘기 때 말을 안 들으면 기숙사가 있는 학교에 보내거나 유학을 보내겠다는 부모도 많습니다. 그리고 실제로 그렇게도 많이 합니다. 그런데 생각해보면 두려워만 할 뿐, 어떻게 그 시기를 준비해야 하는지 곰곰이 생각하는 부모는 거의 없습니다. 지금의 방식을 유지한 채 회피하기 급급하죠.

부모가 변하지 않으면 아이의 변화가 더 크게 보이고, 이는 걱정을 낳을 수밖에 없습니다. 아이가 극단적으로 변한 다음에 부모가 변할 게 아니라, 변화가 필요함을 인식하고 이에 맞게 유연하게 대응하는 자세를 가져야 합니다.

영유아기, '애착'이 가장 중요한 시기
유·초등기, '훈육'이 반드시 필요한 시기

그럼 언제 어떻게 변해야 할까요. 결론적으로 영유아기(만 0~2세), 유초등기(만 3~11세), 청소년기(만 12~18세) 이렇게 아이의 발달 단계가 변화하는 데 맞게 바뀌어야 합니다. 이 시기를 기준으로 아이들은 큰 변화를 겪습니다. 신체적으로 정신적으로 크게 변화하지요. 그러니 부모도 이에 걸맞게 아이를 대해줘야 해요.

두 돌까지는 무언가 온전히 스스로 하는 게 어렵습니다. 원하는 것을 표현하는 것도 어렵죠. 양육자의 도움이 절대적으로 필요합니다. 그렇기 때문에 부모가 잠시도 떨어지지 않고 곁에서 돌봐줘야 합니다. 그러면 아이는 부모를 세상으로 인식하고, 본인이 원하는 것을 세상이 해결해주기에 '이 세상은 좋은 곳'이라는 긍정적인 생각을 하게 됩니다. 그리고 자기를 돌봐주는 부모를 통해 세상을 믿고 신뢰하게 됩니다. 그것을 바탕으로 아이는 잘 놀고, 잘 먹고, 잘 말하는 등 이 시기에 해야 하는 발달 과업을 이뤄갑니다.

그런데 이 시기에 아이에게 반응해주지 않으면 어떻게 될까요. 아이는 우는 행동을 통해 불편함을 호소하는데, 반응이 없으면 세상이 나를 보호해주지 않는다고 느끼거나 그냥 자포자기하게 됩니다. 따라서 이 시기에 부모는 아이에게 무조건적인 사랑을 주고 아이의 욕구를 민감하게 충족시켜줘야 합니다. 그 과정에서 아이는 부모와 특별한 관계를 맺는데, 이것이 바로 애착입니다.

그러다가 만 3세쯤 신체를 자유롭게 쓸 수 있게 되면서 아이들은 외부 활동을 통해 세상을 만나기 시작합니다. 부모가 세상의 전부가 아님을 알고, 세상에는 많은 사람이 산다는 것도 깨닫게 되죠. 남과 나를 분리하기 시작하고, 세상의 중심이 내가 아니라는 것도 알게 됩니다. 하지만 아직도 여전히 아이는 매우 자기중심적입니다. 남들의 관점을 이해하지 못하고 자신의 관점에서 생각하죠.

이때의 중요한 변화는 바로 어린이집, 유치원, 학교 등 다른 사람과 함께 생활하기 시작한다는 점입니다. 그러면서 아이들에게는 다른 사람과 어울리는 상황에 맞게 말과 행동을 해야 하는 과제가 주어지죠. 공동체 생활을 위해 규칙이 필요하다는 것을 알아야 합니다. 때문에 부모에게는 해서는 안 되는 행동을 가르쳐야 할 의무가 주어집니다. 영유아기 때보다는 좀 더 단호하게 아이를 가르쳐야 하는 것이죠.

'내가 해야 할 일이 있구나!', '내가 해서는 안 되는 일이 있구나'를 아이가 깨닫도록 지도해야 합니다. 즉, 훈육이 필요한 시기입니다. 또한 자기 주도성이 강해진 아이에게 스스로 해볼 수 있는 기회를 주고, 완벽하지 않더라도 잘했다고 격려해줘야 하죠. 또한 해서는 안 되는 행동을 했을 때, 올바른 습관이 필요할 때는 정확히 지시를 내려야 합니다. 마냥 받아주기만 해서는 위험한 일과 남에게 피해를 주는 일에 단호하게 대응할 수 없습니다.

그런데 이때 여러 가지 이유로 훈육하지 않는 부모가 있습니다. 아이가 안쓰럽다고 여기거나 훈육의 필요성을 못 느끼는 경우가 대표적이죠. 또는 엄격한 부모 밑에서 자라 내 아이에게만큼은 그렇게 하고 싶지 않다고 생각하기도 하고, 훈육을 벌로만 생각하기 때문에 기피하는 모습을 보이기도 합니다. 하지만 적절한 규칙을 배우는 것은 아이에게 반드시 필요한 일입니다. 오히려 이런 것들을 배우지 못하면 아이가 다른 사람에게 지적을 받아 점차 기가 죽게 되죠. 그 과정에서 자존감이 낮아질 수도 있습니다.

훈육을 부정적으로 볼 필요는 없다는 얘기입니다. 훈육에 대한 선입견이 있다면 인식을 바꾸는 노력이 필요합니다. 강압적인 훈육이 아니라 아이의 주도성을 격려하는 것이 훈육이라고 말이죠. 예를 들어 아이가 먹을 것을 사달라고 시도 때도 없이 떼를 쓸 때 부모가 들어주지 않는 것은, 아이에게 실망감이나 좌절감을 주기 위해서가 아니라 조절감을 가르치기 위해서라고 생각해보세요. 이 시기에는 훈육이 반드시 필요합니다.

저는 훈육을 철저히 하는 편입니다. 아이들에게 교회에서 어른들을 만나면 반드시 인사를 하고 존댓말을 써야 한다고 가르칩니다. 음식점에 가서는 뛰거나 크게 떠들어서 다른 사람을 방해하면 안 된다고 일렀습니다.

그렇다고 아이와의 애착 관계를 무시하고 훈육만 하라는 얘기는 아닙니다. 기본적으로 애착은 형성하되 아이의 발달 단계에 맞춰 양육 태도의 중심을 옮겨가라는 의미입니다. 지나치게 받아주는 육아를 하고, 자녀를 무조건 북돋워주는 것은 경계해야 합니다. 아이가 밖에 나가서

할 일을 하지 않거나 지켜야 할 규칙을 지키지 않으면, 결국 아이 자신이 피해를 입게 된다는 것을 명심해야 합니다.

청소년기, 아이가 품은 고민의 과정을 지켜봐야 하는 시기

아이가 사춘기가 되면 부모는 다시 한 번 변해야 합니다. 이 시기에 아이는 큰 변화를 겪습니다. 앞서 언급했듯이, 서울대 소아청소년정신과 김붕년 교수는 '영유아기는 아이의 뇌가 모델링하는 시기라면 10대 초중반은 뇌가 리모델링하는 시기'라고 강조합니다. 영유아 시기에는 아이가 발달하는 게 눈에 보이기 때문에 체감할 수 있지만, 청소년기에는 변화가 보이지 않기 때문에 아이의 뇌가 성장한다는 것을 알지 못하는 경우가 많습니다. 그러나 앞서 언급했듯이, 이 시기에 뇌는 뇌세포나 시냅스를 새롭게 만드는 것이 아니라 가지치기를 통해 재구조화합니다. 성인의 1.5배에 달하는 뇌세포와 시냅스를 가지고 태어난 아이는 영유아 시기에 1차 가지치기를 하고, 10대 초중반에 2차 가지치기를 하죠. 그리고 이 시기에는 운동중추와 언어중추, 사고와 판단 같은 고도의 정신작용을 담당하는 뇌의 전두엽이 상대적으로 불안정해집니다. 이에 인지나 정서 조절이 어려워집니다. 아이들이 청소년기에 감정 조절을 어려워하는 것은 바로 이 때문이죠.

이와 함께 성인이 되기에 앞서 청소년들은 자신에 대해 생각하기 시작합니다. 정체성이나 인생관에 대해서 고민하는 것이지요. 어떻게 살아가야 할지 혼란스러워하고, 앞으로의 길을 찾아내려 노력합니다. 그 길은 부모의 길이 아닌 아이 스스로 찾는 길이어야 합니다.

그런데 이 시기에 유초등 때처럼 아이를 대하거나 암묵적으로 상하 관계를 강요한다면 아이가 받아들이기 어려워하는 것은 당연합니다. 불안한 뇌 발달 때문에 오히려 짜증을 내거나 반항을 하기 쉽지요. 이것이 반복되면 아이들은 부모와 대화하기보다는 또래나 멘토, 유명인에게 더 많이 의지하게 됩니다.

이때는 아이가 세상을 충분히 경험하고 스스로 누구인지, 어떻게 살아갈지 찾아갈 수 있도록 지켜봐줘야 합니다. 사회생활을 하는 데 필요한 규칙은 유초등 때 이미 훈육으로 가르쳐줬기 때문에 그 외의 부분은 아이가 세상을 직접 경험하면서 발견할 기회를 줘야 합니다.

그런데 많은 부모가 여기서 무너집니다. 아이가 경험하다가 실패하는 과정을 보기 힘들어하죠. 지금까지 금이야 옥이야 키운 데다 어린 시절을 잘 넘긴 아이가 실패하는 과정을 지켜본다는 것은, 어쩌면 부모에게 큰 용기가 필요한 일인지도 모릅니다. 그러나 이 시기에 그런 과정을 억지로 없애고 부모가 감독 지시할 경우, 아이는 마음에 갈증을 품은 채 청소년기의 고민을 대학생이 되어서야 하게 됩니다.

이 시기에는 감독 대신 조언자로서 아이를 대해야 합니다. 성인이 될 준비를 하는 아이를 인정하고 수평적인 관계로 대화해야 합니다. 아이의 생각이나 행동을 인정하고 공감해주는 것이 좋습니다. 아이가 고민을 토로하면 문제를 해결해주려고 하기보다는 들어주고 공감해주는 게 훨씬 더 효과적입니다. 청소년기의 아이들은 이제 막 성인이 되기 위한 준비를 시작한 단계입니다. 성인이 된 우리를 떠올려보세요. 주변의 조언에 많이 흔들리나요? 오히려 조언에 흔들리는 것을 줏대 없다고 부정적으로 보지는 않나요? 그런 준비를 하는 단계이기 때문에 누구의 정답보다 자신의 정답을 찾을 수 있도록 기다려주고, 아이의 의견을 인정해 줘야 합니다.

청소년기를 다루면서 공부 이야기를 하지 않을 수 없습니다. 청소년기 아이의 달라진 행동을 포용하려고 하다가도 성적 앞에서 물거품이 되는 경우가 많기 때문이죠. 유초등 시기에는 부모가 감독하면 어느 정도 따라옵니다. 그래서 초등 시기에는 부모가 조금만 적극적이면 대개 성적이 잘 나옵니다. 하지만 청소년 시기에는 절대 통하지 않습니다. 그러기에는 중고등 시기가 길 뿐만 아니라 경쟁이 치열해서 버틸 수 없습니다. 교육 현장에는 초등학교 때 무조건 부모님 말만 듣고 따르다가, 이 시기에 자신을 찾아가면서 혼란을 느껴 아예 현실을 도피하거나 공부를 손놓는 아이들이 많습니다. 게임이나 스마트폰으로 도피하면서 말이죠. 이 시기에는 스스로 공부해야 할 이유를 발견하거나 의욕이 있어야 좋은 성적을 거둘 수 있습니다.

지금 아이와 조금이라도 갈등이 있거나 아이에게 이해가 안 되는 부분이 있다면 아이에게서 원인을 찾기보다 아이의 변화를 인지하지 못한 것은 아닌지 살펴볼 필요가 있습니다. 그리고 발달 단계 중 우리 아이가 어느 시기에 해당하는지 보고, 그것에 맞춰 아이를 이해해보도록 노력해야 합니다. 초등학생 때까지 예의 바르고 공부도 잘했던 아이가 중학생이 되자 시큰둥해지고 별일 아닌 것에 화를 내는 등 감정조절 능력이 떨어지면 '내 아이의 전두엽에서 2차 가지치기가 일어나는 중이구나' 이렇게 받아들여보는 것이지요. 일단 부모 스스로 원인을 찾아보고, 그 다음에 아이에게서 원인을 찾아도 늦지 않습니다. 오히려 이렇게 근거에 맞게 원인을 찾아갈 때 괜한 불안감이나 과한 걱정에서 벗어날 수 있습니다.

03

부정적인 생각을
심어주지 않는 법

고난 가득했던 인생을
괜찮은 인생으로 바꾸는 방법

'지선아, 사랑해!'로 유명한 이지선 작가님의 신작 『꽤 괜찮은 해피엔딩』을 읽었습니다. 아시다시피 이지선 작가님은 꽃다운 나이 스물세 살에 교통사고로 전신 55퍼센트에 3도 중화상을 입고 40번이 넘는 고통스러운 수술을 견뎌낸 분이죠. 이화여대 유아교육과 학생이었던 그녀는 사고 당시 도서관에서 공부를 하고 친오빠와 함께 집으로 가는 귀갓길이었어요. 그런데 음주운전자가 브레이크가 아닌 액셀러레이터를 잘못 밟는 바람에 하루아침에 7중 추돌 사고의 피해자가 됐습니다. 한순간에 몰골이 참혹하게 변한 모습을 보고 그녀가 느꼈을 고통은 감히 상상하기조차 어렵습니다. 자신이 잘못한 것은 하나도 없는데 말이에요. 그녀는 그 고통에서 벗어나기까지 정말 오랜 시간이 걸렸다고 고백했어요. 하지만 보란 듯이 그 힘든 고통을 견디고 일어섰고, 지금은 한동대 사회복지학 교수로 재임해 많은 사람들에게 위로를 전하고 있습니다.

고난 가득했던 인생을 괜찮은 인생으로 바꾸는 방법으로 그녀는 두 가지를 소개했습니다. 첫 번째는 글쓰기입니다. 그녀는 가장 힘든 순간에 글쓰기를 통해 자신의 인생을 리라이팅rewriting, 다시 쓰기 시작했답니다. 첫 시작은 자신을 걱정하는 지인들과 일상을 공유하기 위해서였어요. 그렇게 자신의 일상을 있는 그대로 써내려가면서 그녀는 크게 깨달은 게 있었습니다. 바로 고통스러운 일상 속에도 기쁜 순간은 있다는 사실이었죠. 고통의 순간을 기록하는 과정을 좀 더 객관적으로 보게 되면서 위로를 얻었다고 합니다. 어제보다 오늘 더 나아진 것에 주목하게 됐고, 자신을 힘들게 하는 것으로부터 거리를 둘 수 있는 힘을 얻게 된 것이죠. 글쓰기를 통해 모두가 끝이라고 포기한 순간에도 이지선 작가는 희망을 놓지 않고 다시 일어날 수 있는 힘을 얻었습니다. 그리고 나중에는 고통을 웃음으로 승화하는 여유까지 생겼죠. 예를 들어 "화상으로 눈썹이 없어졌는데, 오늘 새롭게 나기 시작한 눈썹을 발견했다. 아싸라비아~"라고 쓰면서 말이죠.

두 번째는 표현을 바꾸는 것입니다. 많은 사람이 그녀를 수식할 때 '어느 날 갑자기 음주운전 사고를 당해 전신 화상을 입은'이라고 표현했습니다. 그것은 분명 사실이지만 오랜 시간 노력해 생존자에서 생활인으로 일상을 살아가기 위해서는 이 표현에서 벗어나야 한다고 생각했습니다. '사고를 당했다'는 말에는 피해자라는 의미가 내포되어 있습니다. 그래서 그녀는 '사고를 만났다'는 말을 생각했습니다. 피해자라는 연민이나 자기위안에 빠지고 싶지 않았기 때문이죠. 이지선 작가는 스스로를 '과거에 사고를 만났지만, 지금은 사고와 헤어진 사람'이라고 소개합니다.

저는 작가님의 책을 읽으면서 트라우마를 가진 분들뿐만 아니라 힘든 시기를 겪는 분들, 특히 자녀 때문에 고민하는 분들에게도 유용한 방식이라는 생각이 들었습니다. 그래서 이 두 가지 방법을 자세히 소개해 드리고자 합니다. 좁은 궤짝에 갇혀 있으면 점점 더 부정적인 생각만 할 수밖에 없습니다. 이때는 궤짝을 부수는 노력을 해야 해요. 그래야 궤짝 밖 아름답고 찬란한 세상을 볼 수 있게 됩니다.

혼자만의 글쓰기로
고민의 해답을 얻을 수 있다

먼저 표현적 글쓰기를 권하고 싶습니다. 아이 때문에 힘든 날, 혼자 있는 시간에 조용히 앉아 펜을 들어보세요. 그리고 아이와 무슨 일이 있었는지 찬찬히 써보세요. 아이에게 했던 말, 아이에게 들었던 말을 써보는 겁니다. 그 순간 들었던 감정도 생각나는 대로 써봅니다. 형식을 갖출 필요는 없어요. 그냥 생각나는 대로 휘갈기면 됩니다. 글을 못 써도 상관없어요. 맞춤법이 틀려도 괜찮습니다. 누군가에게 보여주기 위한 글쓰기가 아니니까요.

글을 쓰다 보면 누군가와 수다 떠는 듯한 시원함을 느낄 수 있을 겁니다. 지인에게 고민을 토로하다 보면 내 얘기를 들어주는 상대방의 반응에 영향을 받게 되는데, 스스로를 위한 글쓰기는 그렇지 않기에 좋습니다. 또한 상황을 있는 그대로 바라보게 될 뿐만 아니라 감정에 좀 더 집중하게 됩니다. 왜 이런 감정이 들었는지 이유를 찾는 과정에서 자신을 좀 더 객관적으로 보게 될 수도 있어요. 저도 일 년에 몇 번 이런 시간을 갖는데, 글을 쓰는 것만으로도 마음이 차분해지고 후련해지는 효과가 있습니다.

이때 한 가지 팁이 있습니다. 나의 관점이 아닌 아이의 관점에서 글을 쓰는 겁니다. 아이의 시각에서 사건을 바라보는 것이지요. 마치 사이코드라마나 역할극을 하는 것처럼요. '엄마와 싸웠다. 엄마가 날 못 믿는 거 같아서 속상하다. 엄마가 이렇게 해줬으면 좋았을 텐데'라는 식으로 아이 입장에서 글을 쓰다 보면 얽혀 있던 감정의 실타래가 풀리기도 합니다. 아이를 좀 더 이해하게 되기도 하죠. 적막한 고요 속에서 글을 쓰면서 아이와 좀 더 긍정적인 관계를 만드는 빛을 발견하게 될 거라 확신합니다.

글을 쓴다는 것에는 실로 놀라운 효과가 있습니다. 안 풀릴 것 같던 문제의 해답을 얻게 되기도 합니다. 한국인 최초로 영국 옥스퍼드대 수학과 정교수가 된 세계적인 수학자 김민형 교수는 수학 문제를 놓고 고민하는 학생들을 만나면 자신에게 이메일을 보내라고 권합니다. 이메일로 문제에서 안 풀리는 부분, 그리고 자신의 생각을 써서 보내라고 권하죠. 그런데 재미있는 것은 질문이 아니라 문제가 풀려서 감사하다는 내용의 메일이 온다고 해요. 자신의 생각을 글로 쓰는 과정에서 문제의 핵심을 정확히 분석하고 해답의 실마리를 발견하는 것이죠.

저는 부모님들에게 꼭 자신만의 글쓰기를 해보라고 권하고 싶어요. 틈날 때마다 일기를 쓰는 것도 좋습니다. 형식을 갖추려 노력하지 마세요. 감정에 충실한 글쓰기여야 지속할 수 있습니다.

'부정적인 단어'를
긍정적으로 바꾸는 연습

두 번째, 자주 사용하는 언어를 바꿔봅시다. 말의 힘은 실로 놀랍습니다. 말은 생각을 담는 그릇이기에 말을 바꾸면 생각이 바뀌고, 생각이 바뀌면 행동이 바뀌죠.

많은 부모가 아이를 생각하면 앞으로 어떻게 키워야 할지 막막하고 힘들다고 합니다. 걱정을 토로하며 부정적으로 얘기하는 사람이 많아요. 그런데 이런 부정적인 말을 쓰다 보면 상황이 더 부정적으로 치달을 수밖에 없습니다. 부정적인 생각이 꼬리를 물고 이어져 모든 행동이 부정적인 상황을 대비하는 것에 머물게 됩니다. 긍정적으로 나아가지 못하고 부정적인 것에 발목 잡히게 되는 것이지요.

얼마 전「교육대기자TV」영상에 경악을 금치 못할 댓글이 달렸습니다. 육아에 관련된 내용을 다룬 영상이었는데, 한 구독자가 글을 남겼습니다. "15개월 아들을 둔 아빠입니다. 전문가 교수님께서 말씀하신 대로 아이를 키우지 않았는데, 너무 늦은 거겠죠. 이미 틀린 거 같아 막막합니다." 저는 이 댓글을 보고 순간 마음이 먹먹해졌어요. 이제 고작 15개월 된 아들의 육아를 놓고 자포자기하는 모습에 마음이 착잡해졌습니다.

자녀의 육아를 놓고 부정적인 분이 비단 이분만은 아닐 겁니다. 요즘 각종 미디어나 SNS에서 육아나 자녀교육을 힘든 것, 고생스러운 과정, 한 번 잘못하면 끝이라는 말들을 쏟아내면서 이런 생각이 많은 분들에게 그대로 받아들여지고 있어요. 결국 부정적인 육아관이 무의식에 박혀서 작은 일에도 걱정과 우려를 쏟아내게 된 것은 아닌가 싶습니다.

우리 잠재의식에 두려움을 불러일으키는 부정적인 단어들과 멀어져야 합니다. 아이들을 제대로 바라보지 못하게 막는 장애물들로부터 벗어나야 해요. 지금 당장 아이를 생각하면 떠오르는 단어를 쭉 한번 나열해보세요. 부정적인 단어들이 생각난다면 그것을 긍정적으로 바꿀 수 없는지, 긍정적이라면 더 긍정적인 표현은 없는지 고민하고 바꿔서 사용하는 연습을 해보기를 권합니다.

대표적인 예시가 '독박육아', '전쟁육아'가 아닐까 해요. 부모의 손길을 많이 필요로 하는 영유아기의 육아를 표현하는 단어죠. 이런 단어를 떠올리면 어떤 생각이 드세요? 답답하고 막막하지 않으신가요? 독박육아, 전쟁육아라는 말을 떠올리는 순간, 단어가 생각을 지배해버려서 육아하는 과정이 고통스러워질 위험이 높습니다. 물론 육아가 힘들지 않다는 말은 아닙니다. 그러나 힘들다고만 말하다 보면 힘든 과정에 파묻혀 일상의 즐거움, 긍정적인 부분을 놓치게 됩니다. 저는 독박육아나 전쟁육아를 '공감육아', '일상육아'라는 단어로 바꾸고 싶습니다. 이 시기는 아이와 24시간 함께하면서 소통하고 공감하며 애착을 쌓는 시기잖아요. 일상이 온통 아이와 함께하는 시기죠. 이렇게 표현만 바꿔도 즐거움을 발견하기가 좀 더 수월해지지 않나요?

'엄마표 영어'나 '엄마표 학습'도 엄마에게 부담을 주는 용어처럼 느껴질 수 있습니다. 아이가 주체성을 갖되 옆에서 학습을 도와주는 방향성을 살려 '가이드 영어'와 '가이드 학습'으로 바꿔보는 건 어떨까요? '입시 경쟁'이라는 단어도 '입시 선택'이라고 바꿔봅시다. 대입을 누군가와 경쟁하는 시기가 아닌 자신의 적성과 진로를 생각하고 판단하고 선택하는 과정으로 받아들이면, 부모는 물론 아이도 마음의 부담을 덜 수 있을 거라고 생각해요.

물론 사회적 분위기도 같은 방향으로 흘러가야 효과가 높아지겠지만, 자녀교육을 긍정적으로 보는 노력은 반드시 필요합니다. 부정적으로 보는 사람은 최선책이 아닌 실패했을 때의 대안이나 차선책에 집착하게 된다는 점을 명심하고 경계해야 합니다.

04

입시 걱정을 떨쳐버리는
가장 효과적인 방법

대입 준비는 큰 줄기의 방향성만
알아도 효과적인 접근이 가능하다

최근 「교육대기자TV」에 많은 초등 부모님들이 관심을 갖는 영훈국제
중학교 김찬모 교장 선생님을 모셨습니다. 언론에 한 번도 나오지 않은
선생님을 쉽게 모실 수 있었던 비결이 있어요. 바로 고등학교 때 제 담임
선생님이셨기 때문입니다. 졸업 후에도 선생님과 종종 연락을 나누다가
국제중학교 입시 시즌을 맞아 모실 수 있었습니다.

선생님께 저는 특별한 제자이자 잊지 못할 학생이었어요. 선생님은
저를 늘 아픈 손가락이라 말씀하셨죠. 고백하건대, 저는 누구보다 힘든
학창 시절을 보냈습니다. 지금의 저를 만난 대부분의 사람들은 성공한

커리어만 보고 저를 '금수저'라고 생각합니다. 좋은 환경에서 태어나 엘리트 코스를 밟아 성공한 사람이라고 말이죠. 그러나 현실은 그와 달라도 많이 다릅니다. 저는 요즘 말로 흙수저 중 흙수저입니다. 넷플릭스 시리즈 「오징어게임」에서 주인공 성기훈이 엄마와 함께 살던 가난한 집! 그 동네가 바로 제가 태어나고 자란 곳입니다(제 부모님은 지금도 그곳에서 50년째 살고 계십니다). 그로 인해 저는 단칸방부터 반지하를 전전하며 어린 시절을 보냈지요.

부모님 두 분 모두 할아버지와 할머니가 일찍 돌아가시는 바람에 배움의 혜택을 받지 못하셨어요. 일찍부터 노동 전선에 뛰어들어 누구보다 성실하게 일하셨지만, 경제적 안정은 좀처럼 찾아오지 않았습니다. 그래서 저 또한 오랜 기간 동안 경제적으로 어려운 시간을 보냈습니다. 저와 오빠는 단 한 번도 학원에 다니지 못했어요. 그 흔한 피아노 학원이나 태권도 학원조차 다니지 못했죠.

학창 시절에 대한 기억은 많지 않습니다. 애써 외면하고 싶었던 건지, 아니면 힘든 일상이 매일 반복돼 특별히 기억에 남는 게 없는 건지는 잘 모르겠습니다. 그런데 기억에 남는 장면이 하나 있습니다. 제 마음을 잘 이해해주신 김찬모 선생님께 투정 아닌 투정을 부렸던 것입니다.

"선생님, 저 열심히 공부할 테니 장학금 좀 주시면 안 되나요."

저는 열심히 공부했지만, 여러 가지로 역부족이었습니다. 원하는 대학에 가지 못하고 결국 재수를 했습니다. 독서실 총무로 일하면서 틈틈이 입시 정보를 찾아보기 시작했고, 수시 전형 가운데 저처럼 글을 잘 쓰는 학생을 위한 논술 전형이 있다는 사실을 알게 됐습니다. 다행스럽게도 우수한 성적으로 장학금을 받고 대학에 들어갈 수 있었습니다. 그리고 생각했죠. 이런 정보를 고등학교 때 알았으면 얼마나 좋았을까. 이런 정보를 알고 일찍부터 준비한 친구들과 나는 출발선이 달랐겠구나.

누군가에게 '입시 정보'는 '대입 성과'를 결정할 만큼 막강한 것입니다. 교육 전문 기자로 현장을 누비는 내내 저는 교육 정보의 힘을 다시금 깨달았습니다. 그리고 부모들 사이에서 그 격차가 너무 크다는 것도 말이죠. 이는 마치 재테크와도 같았습니다. 주식, 부동산에 관한 고급 정보를 가지고 있는 사람들이 경쟁 우위에 있는 것처럼 말이죠. 정보가 많으면 선택권이 많을뿐더러 걱정도 덜할 수 있습니다. 알지 못하면 불안할 수밖에 없고, 주변의 얘기에 부화뇌동하기 쉽죠. 주식에 투자하고 부동산에 투자하는 내내 전전긍긍합니다.

우리 아이가 교육적으로 유리한 선택을 하기 바란다면 교육에 관심을 가지고 공부하시기 바랍니다. 그래야 아이가 어떤 선택을 할 때, 시의적절하게 도움을 줄 수 있을 테니까요. 대입에서 원하는 성과를 얻고 싶다면 입시를 공부해야 합니다. 그래야 주변에 끌려다니지 않고, 사교육의 유혹에 쉽사리 넘어가지 않을 수 있습니다. 단, 모든 정보를 세세하게 다 알아야 할 필요는 없어요. 대략적인 방향성만 알고 있어도 충분히 계획을 세울 수 있으니까요. 큰 줄기를 이해하면 아이가 그 줄기에서 곁가지를 쳐 나갈 때 도움을 줄 수 있고 공교육, 사교육에도 효과적으로 접근할 수 있습니다. 구체적인 예로 입시를 알아야 입시 컨설팅을 받을 때도 상담비만 날리지 않고 효과적으로 활용할 수 있죠.

저는 이 땅에서 저처럼 교육 여건이 좋지 않거나 교육 정보를 알지 못해서 피해를 보는 학생이 나오지 않기를 바랍니다. 이는 누구의 잘못도 아니에요. 저희 부모님도 저를 도와주고 싶으셨지만 여건상 어쩔 수 없었던 것입니다. 저는 어떻게 해야 할지 막막한 부모님들께 최선을 다해 교육 정보, 입시 정보를 알려드리고 싶습니다. 제가 「교육대기자TV」를 만든 이유이기도 하죠.

가고자 하는 대학교 홈페이지와
친해질 것

일단 대학을 가는 방법은 크게 수시와 정시로 나눌 수 있습니다. 정시는 11월에 치르는 대학수학능력시험을 보고 12월에 수능 성적표가 나오면 그 점수를 가지고 원서를 쓰는 것입니다. 가군, 나군, 다군(전문대 제외)에 각각 한 군데씩 총 세 군데 지원할 수 있어요. 세 장의 카드만 쓸 수 있고 상대적으로 수능에 유리한 재수생과 같이 경쟁해야 합니다.

수시는 학교 내신과 고등학교 생활을 바탕으로 평가받는 전형입니다. 크게 학생부 종합 전형과 학생부 교과 전형으로 나뉘죠. 이밖에 논술 전형이나 특기자 전형도 있으나 점차 없어지는 추세이기 때문에, 학생부 위주의 전형만 기억하시면 됩니다. 학생부 교과 전형은 '교과', 즉 내

정시	수시
• 수능시험 성적 • 가/나/다 군, 각 군마다 1개 대학 지원, 　총 3개 대학 지원 가능 • 재수생 강세	• 고등학교 내신 성적 및 학교생활 • 구분 없이 6개 지원 가능 • 학생부 종합 전형, 학생부 교과 전형 　위주

신으로 대학에 가는 것인 반면, 학생부 종합 전형은 내신과 함께 학교생활기록부를 합해서 종합적으로 학생을 평가하는 전형이에요.

이때 중요한 키워드가 '학교생활기록부'입니다. 고등학교에 입학하면 해마다 학교생활기록부가 만들어지는데, 학생에 관한 포트폴리오라고 생각하시면 됩니다. 출결은 잘했는지, 성적은 어떤지, 동아리와 봉사 활동, 진로 활동은 무엇을 했는지 학교 선생님이 기록하는 평가 자료이지요. 교과 이외의 다양한 활동을 비교과라고 하는데, 학생부 종합 전형에서는 이를 정성평가로 반영해서 합격자를 가립니다. 그런데 정성평가는 투명하게 점수화되는 것이 아니기에 다양한 말들이 무성할 수밖에 없어요. 어떤 활동이 유리한지 유리하지 않은지를 두고 다양한 '카더라'가 쏟아졌고, 이에 잔뜩 겁먹은 많은 부모님이 수십만 원, 수백만 원에 달하는 컨설팅 비용을 주면서 상담을 받았습니다. 그런데 최근 들어서는 비교과의 영향력이 많이 줄어들고 있는 데다가 학생부도 간소화돼서 반영하기 때문에, 이 부분과 관련해서 일찍부터 지나치게 걱정할 필

서울대 입학처 홈페이지 : https://admission.snu.ac.kr

요는 없습니다.

  그래도 학생부 종합 전형이 어렵게 생각된다면 대학에서 발간한 자료를 활용해보시길 권합니다. 요즘은 대학에서 많은 시간과 에너지를 투입해서 대학 입학처 홈페이지에 입학 정보를 상세히 실어놓고 있어요. 그러니 궁금한 게 있다면 가고자 하는 대학 홈페이지와 친해져보세요. 웬만한 사교육 컨설팅보다 훨씬 더 고급 정보를 얻을 수 있을 겁니다. 그리고 학생을 뽑는 당사자인 대학의 자료이기에 당연히 공신력도 있죠. 주요 대학들은 매년 '학생부 종합 전형 가이드북'을 발간해 입학처 홈페이지 자료실에 올려놓고 있습니다. 예를 들어 경희대에서 나온 학생부 종합 전형

기재 항목

- 인적·학적사항 공통
- 출결상황 공통
- 수상경력 중 고
- 자격증 및 인증 취득상황 고

- 교과목 공통
- 원점수, 과목평균 중 고
  ※ 표준편차, 성취도별 분포비율 등은
    학교급·과목별로 상이함
- 성취도(A, B, C, D, E) 중 고
- 석차등급(1~9등급) 고
- 세부능력 및 특기사항(교과 활동 & 성장 과정) 공통

학생 기본사항 | 비교과 활동
교과학습 발달상황 | 행동특성 및 종합의견

- 창의적 체험활동상황 공통
  (자율, 동아리, 봉사, 진로희망사항
  안전한 생활 초 / 시간&특기사항)
- 자유학기활동상황 중
- 독서활동상황(도서명 & 저자) 중 고

- 수시로 관찰하여 누가 기록한 학생의
  행동특성 공통
- 총체적으로 학생을 이해할 수 있는
  종합의견 공통

학교생활기록부 종합지원포털 : https://star.moe.go.kr

가이드북에는 어떤 학교생활기록부가 좋은 평가를 받는지 평가 기준이 세세하게 공개되어 있어요. 한양대 가이드북에는 잘 쓴 학생부와 못 쓴 학생부를 예시로 실어놓았습니다. 동국대 가이드북은 항목별로 자세히 소개할 뿐만 아니라, 면접 때 나올 만한 예상 질문도 알려줍니다. 이러한 자료만 충분히 살펴봐도 입시에 큰 도움을 얻을 수 있을 겁니다.

내신과 수능 점수를 잘 받으면 선택지가 많다는 게 요즘 대입의 핵심입니다. 논술이나 다양한 수상 경력, 비교과 등에 에너지를 쏟을 필요가 없어요. 특히 재수생이 아닌 현역이라면 내신 점수를 잘 받아서 수시로 대학에 가는 게 훨씬 유리합니다. 이러한 흐름을 안다면 고등학교를

교육부 홈페이지 : https://www.moe.go.kr

선택할 때도 좀 더 현명하게 접근할 수 있습니다. 주변에서 '어떤 학교가 좋다더라', '특목고가 좋다더라' 이런 말에 흔들리지 않고, 우리 아이가 충분히 좋은 내신 성적을 받을 수 있는 고등학교를 선택할 수도 있습니다. 이때는 부모님 혼자 결정하지 마시고, 아이가 중심이 돼야 합니다. 아이가 입학할 때 유리한 고등학교가 어디일 것 같은지, 내신 경쟁에서 자신이 있는 곳은 어디인지 물어보고 결정해야 합니다. 누차 말씀드리지만, 아이들은 자신의 대입에 관심이 많습니다. 이미 아이들도 고민을 하고 있을 테니 아이와 함께 결정하면 됩니다. 가고자 하는 후보군 학교의 1학년 1학기 시험지를 구해서 살펴보고 수준을 가늠해보는 것도 좋습니다. 좀 더 구체적인 정보를 원한다면 학교 정보 사이트인 '학교알리

225

석차 등급	석차누적비율
1등급	4% 이하
2등급	4 ~ 11%
3등급	11 ~ 23%
4등급	23 ~ 40%
5등급	40 ~ 60%
6등급	60 ~ 77%
7등급	77 ~ 89%
8등급	89 ~ 96%
9등급	96 ~ 100%

미'에 들어가 학교 인원이나 학업 성취도 등을 파악해보세요. 이러한 정보를 미리 확인한다면 무턱대고 고등학교를 선택했다가 낭패를 보는 일을 막을 수 있습니다.

중학교 때까지는 공부를 잘하다가 고등학교 때 성적이 떨어졌다는 학생이 많은데, 그것은 중학교와 고등학교의 평가 방식이 크게 다르기 때문입니다. 중학교 때는 절대평가이기 때문에 나만 어느 정도 잘하면 좋은 점수를 받습니다. 쉽게 말해, 90점만 넘으면 A를 받죠. 그런데 고등학교는 상대평가입니다. 나만 잘해서는 안 되며 다른 아이들보다 잘해야 합니다. 1~4퍼센트가 1등급, 4~11퍼센트가 2등급을 받습니다. 예를 들어 전교생이 200명인 중, 고등학교가 있다면 중학교 때는 90점 이상이 50명일 경우 50명이 다 1등급을 받지만, 고등학교 때는 8명(200

대학알리미 : https://www.academyinfo.go.kr

학교알리미 : https://www.schoolinfo.go.kr

x 0.04=8)만이 1등급을 받는 거죠. 즉, 나머지 42명은 2~4등급을 받는다는 얘기입니다. 이 점에 유의하고 충분히 경쟁해볼 만하다고 생각되는 고등학교에 입학해야 합니다.

초등학생이라면 진로에 대해
고민하는 시간이 반드시 필요하다

최근 입시에서 가장 주목받는 키워드는 '진로'입니다. 학생부 종합 전형에서 자신의 진로와 연관된 활동을 했는지 여부를 대학에서는 '전공 적합성'이라는 요소로 평가합니다. 이는 또한 2025년부터 고등학교에 도입되는 고교학점제와 연결되어 있습니다. 고교학점제는 말 그대로 고등학교에서 학점을 따야 졸업을 할 수 있는 제도입니다. 대학생들이 대학에 입학하면 자기가 원하는 대로 시간표를 짜서 수업을 듣는 것처럼, 고등학생들도 원하는 수업을 신청해서 교실을 옮겨 다니며 수업을 듣는 것이지요. 3년 동안 192학점을 이수해야 하는데 고1 때는 필수 공통과목 위주로, 2~3학년 때는 진로와 관련된 적성에 맞는 과목을 선택해서 듣습니다. 여러 가지 제반 여건이 필요한 부분이라서 정확히 언제 도입될지 지금으로서는 알 수 없습니다. 다만, 진로에 대해서 더욱 많이 고민한 학생이 유리하다는 점만 기억하시면 좋겠습니다.

따라서 초등학생이라면 진로에 대해 고민하는 시간을 좀 더 가져봐야 합니다. 그것이 공부 이외에 우리가 미래 입시를 위해 준비할 수 있는 최선이자, 부모가 도울 수 있는 유일한 방법이 아닐까요. 그런데 많은 학생들이 진로에 대해서는 제대로 고민해보지도 않은 채 고등학교에 입학해서 문이과를 정하고 선택 과목을 고릅니다. 그러곤 대입에 임박해 진로를 생각하다가 컨설팅 업체에 수십만 원에서 수백만 원을 주고 컨설팅을 받거나, 적성에도 맞지 않는 전공 공부를 하다가 대학교를 그만두는 일이 부지기수입니다.

요즘에는 자녀의 진로를 탐색하는 데 도움이 되는 자료가 정말 많습니다. 가장 좋은 방법은 고용노동부 고용 정보 시스템인 '워크넷'과 교육부가 제공하는 진로 정보망인 '커리어넷'을 활용하는 것입니다. 자료가 굉장히 유용해서 진로컨설팅 전문가들도 이 사이트를 주로 활용하고 있습니다. 유아 및 초등 저학년이라면 '주니어용 커리어넷'도 있습니다. 커리어넷에는 진로 활동, 직업 정보 등 챕터별로 유익한 정보가 많이 있습니다. 워크넷에 들어가면 우리나라의 대표 학과인 인문 계열, 사회 계열, 교육 계열, 자연 계열, 공학 계열, 의약 계열, 예체능 계열에 관한 정보를 자세히 얻을 수 있습니다. 특정 전공 학과에서는 무엇을 배우는지 알 수 있어서 대략적인 방향을 설정하는 데 도움이 될 것입니다. 또한 커리어넷에서는 직업 적성 검사, 진로 성숙도 검사, 직업 흥미 검사, 가치관 검사 등 무료 적성검사를 활용할 수 있습니다. 한국고용정보원에서 발간한 『4차 산업혁명 시대 내 직업 찾기』라는 책을 함께 읽어도 좋습니다. 이 책은 한국고용정보원 홈페이지에서 누구나 다운받을 수 있습니다.

부모 세대와 달리 요즘은 누구나 마음만 먹으면 무료로 좋은 정보를 얻을 수 있습니다. 그러니 부담 갖지 말고 조금씩 알아간다는 마음으로 공부하면 좋겠습니다. 큰 방향만 알면 입시 때문에 고민하거나 흔들리지 않을 수 있습니다. 우리 아이에게 찾아올 변화를 누군가에게 맡길 수는 없잖아요.

한 가지 더 의견을 드리자면, 가급적 원자료를 활용하셨으면 합니다. 시중에는 자신들의 이익에 맞춰 원자료를 가공한 것들이 너무 많이 있어요. 그러니 홈페이지에서 원자료를 직접 검색해보세요. 예를 들어 요즘 수능이 어떻게 나오는지 궁금하다면 수능 출제 기관인 한국교육과정평가원 홈페이지에서 수능 시험지를 다운받으세요. 요즘은 정답까지 친절하게 업로드되어 있으니 누구나 쉽게 살펴볼 수 있습니다. 교육 정책이 발표됐다면 교육부 홈페이지를, 대학요강은 대학 홈페이지에서 다운받아 살펴보는 연습이 필요합니다. 처음에는 익숙하지 않겠지만, 속도가 붙으면 어렵지 않게 정보를 쌓을 수 있을 거예요. 평소에는 교육 뉴스에도 관심을 가지시고요. 제대로 된 정보가 있으면 절대 흔들리지 않습니다. 결국 정보가 경쟁력입니다.

하버드대에 딸 셋 보낸 엄마가
절대 놓치지 않은 것   w.심활경

---

interviewee 심활경

한국에서 기독교 교육 석사 수료.『나는 이렇게 세 딸을 하버드에 보냈
다』의 저자. 미국에서 세 자녀를 사교육 없이 하버드대학에 입학시켰다.

Q 세 자녀의 하버드 입학 당시 소회가 궁금하다.

첫째 때만 해도 운이 좋았다고 생각했다. 그런데 셋째 아이까지 하버드
에 입학하고 나니 다르게 생각하게 됐다. 우리 가정이 다른 가정과 다른
점이 뭘까? 첫째 아이를 기르면서 정체성 교육의 중요성을 깨달았다. 첫
째 아이가 미국 학교에 적응하면서 겪었던 일화가 있다. 한국 이름을 두
고 자기가 만든 영어 이름을 사용하더라. 혼자 한국 사람이니 다른 아이
들 사이에서 동화되고 싶었던 것이다. '다름'을 모르는 건 자기 자신이

누구인지 알지 못하기 때문이다. 아이에게 '다름'을 분명히 알려줘야겠다고 생각했고, 이는 정체성 교육으로 이어졌다. 둘째, 셋째 아이가 태어난 뒤에는 '너는 한국인이고, 네 친구들과 다른 게 나쁜 게 아니다'라고 일찍부터 교육시켰다.

Q 옳은 것과 그른 것을 구별하는 교육을 중요시한 것으로 알고 있다. 그 이유와 구체적인 방법이 궁금하다.

엄마는 두 가지를 해야 한다. 아이를 조건 없이 사랑해야 하고, 아이를 객관적으로 바라봐야 한다. 훈육은 가르치고 훈련하는 것이다.

구체적으로 무엇을 더 많이 해줄지보다 덜 해줄지에 관심을 두고 교육했다. 가령 간식을 사 오더라도 일부러 모자라게 사 오곤 했다. 아이들이 옥신각신하는 과정을 통해 자신의 생각을 주장하고, 양보하고, 타협하면서 자연스럽게 논리성이 자라는 걸 느꼈다.

엄마의 자녀교육관을 아빠 역시 따르고 지지하는 것도 중요하다. 한번은 큰딸이 맥도날드 메뉴에 딸린 장난감이 가지고 싶어서 아빠에게 배가 고프다고 거짓말을 한 적이 있다. 아빠는 거짓말을 했으므로 앞으로 우리 가족은 1년 동안 맥도날드에 갈 수 없을 거라고 말했고 단호하게 행동으로 옮겼다. 부모가 함께할 때 교육은 원칙으로 자리 잡을 수 있다.

Q 세 자녀 모두 고등학교를 졸업하기 전까지 스마트폰을 사주지 않은 것으로 알고 있다. 많은 한국 부모들이 자녀와 '스마트폰 전쟁'을 치르고 있다. 어떻게 가능했는지 궁금하다.

자녀에게 스마트폰을 사주는 것은 아이의 문제가 아니라 어른의 문제다. 부모 스스로 스마트폰이 아이에게 필요한지 묻고 결단해야 한다. 아이는 스마트폰, 컴퓨터와 싸워서 이길 수 없다. 어려서부터 스마트폰을 사용하면 생각을 깊이 안 하게 되고, 학습 능력에도 영향을 미쳐서 그 시기에 배워야 할 것들을 놓치게 된다. 셋째 아이의 경우 스마트폰 없이 생활한 경험을 에세이로 써서 입시 때 제출했는데 입학사정관의 찬사를 받았다. 아이는 스마트폰이 없음으로 인한 불편 대신 일상 속 감사에 주목했다. 스스로의 삶으로 체험하게 된 것이다.

Point 사랑과 훈육, 모두 중요하다. 조건 없는 사랑을 주되 원칙을 세우고 고수해야 한다.

대가들이
입증한
효과적인
공부법

분명 같은 시간을 공부해도
효과가 더 잘 나는 공부법이 있습니다!
'공부의 본질에 관한 전문가 5인 인터뷰'

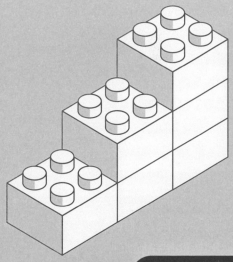

적용편

대부분의
청소년들은
공부를
잘하고 싶어 합니다

—

어렸을 때부터 공부하는 환경에 놓여 있다 보니
공부에 관심이 많을 수밖에 없습니다.
공부를 못하고 싶다는 학생은 단 한 명도 보지 못했습니다.
그러나 안타깝게도 원하는 성적을 누구나 가질 수는 없습니다.
공부를 잘하는 아이와 못하는 아이로 나뉘며, 이를 보는
사회의 시선은 극명합니다. 그래서 많은 부모가 이를 두려워하고,
일찍부터 좋은 성적을 받기 위한 방법을 고민합니다.
저는 모든 아이가 공부를 잘해야 한다고 생각하지 않습니다.
각자 관심사와 재능을 일찍부터 찾아 발휘하는 것이 중요하다고
생각해요. 하지만 우리나라의 현실에서는 정말 많은 학생이 대입이라는
목표를 세우고 공부에 매진합니다. 열심히 하는데도 불구하고 성과가
안 나오면 자존감이 떨어지거나, 평생의 트라우마가 되기도 합니다.
분명 같은 시간 공부해도 효과가 더 잘 나는 공부법이 있습니다.
이에 우리나라를 대표하는 공부법 대가들에게 확인한 공부법을
차례로 알려드리고자 합니다.

01   스스로 공부하는 힘

신종호 (서울대 교육학과 교수)

서울대생들은
'순공 시간'이 많다

공부를 잘하는 방법은 무엇일까. 서울대 교육학과 신종호 교수의 해결책은 간명합니다. 공부를 많이 하는 것이죠. 서울대 신입생들을 오랜 기간 상담한 그의 결론은 공부를 많이 해야 공부를 잘할 확률이 높아진다는 것입니다. 그는 서울대 학생들의 공부법을 '엉덩이 공부법'이라고 부릅니다. tvN 「유퀴즈 온 더 블록」에 출연해 서울대 학생들을 "책상에 오래 앉아서 목숨 걸고 공부한 학생들"이라고 한마디로 표현했죠. 성적은 누가 얼마나 책상 의자에 오래 앉아 있느냐의 싸움이라고 말했습니다. 그 근거로 미국 스탠퍼드대 심리학과 캐럴 드웩Carol S. Dweck 교수의 연구를 들었습니다. 캐럴 교수는 공부를 잘하려면 필요한 시간이 있고, 그 시간에 맞는 투자를 해야 한다고 강조한 바 있죠. 즉, 투자 없는 결과란 없다는 것입니다.

사교육 1번지 대치동 키즈 중 성과를 잘 내는 경우를 보면 절대적인 공부량이 많은 아이들이 대부분입니다. 어렸을 때부터 엄청나게 많이 공부를 하다 보니 그것이 일상화돼 누적 공부량이 많은 것이죠. 학군지가 의미를 갖는 가장 큰 이유는 바로 '공부량'이라고 생각합니다. 학군지에서는 전체적으로 다들 공부를 많이 하기 때문에 주변 분위기에 휩쓸려 덩달아 공부를 많이 하게 됩니다. 상대적으로 교육 인프라가 덜 갖춰진 지역의 아이들을 보면 내신은 전교권인데 수능 성적이 안 나오는 경우가 많습니다. 이 아이들은 대부분 공부량이 부족합니다. 주변에서 공부를 많이 하는 아이를 본 적 없다 보니, 공부를 많이 한다는 것이 얼마만큼 해야 하는 것인지 체감하지 못하지요. 요즘은 단순히 책상에 앉아 있는 것 이상으로 순수하게 공부에 집중하는 정도가 중요하다고 말합니다. 순수한 공부, 즉 '순공 시간'이 많아야 한다는 표현을 쓰기도 합니다.

스스로 공부하는 힘을 키우는 것이 우선이다

그렇다면 어떻게 해야 책상 의자에 엉덩이를 붙이고 오래 공부할 수 있을까요. 신종호 교수님은 이를 위해서는 세 가지가 필요하다고 강조합니다. 바로 '역도장力道場'입니다. 먼저 공부를 오래 하기 위해서는 '학습을 할 수 있는 힘力'이 필요한데, 이것은 마음에서 나온다고 강조합니다. 공부를 할 수 있는 힘은 본인 스스로 공부를 왜 해야 하는지 알 때 생겨납니다. 공부를 왜 해야 하는지 모르는 데다 하고자 하는 의욕까지 없다면 절대 오랜 시간 공부를 지속할 수 없습니다. 스스로 공부를 왜 하는지 알고 그것이 명확할 때 공부를 계속 이어갈 수 있습니다.

그런데 우리나라 아이들은 바로 이것이 없는 경우가 많습니다. 지금 바로 아이에게 한번 물어보세요. 공부하는 이유를 아는지 말이죠. 왜 공부를 해야 하는지 물어보면 대부분 좋은 대학에 가기 위해서라거나, 부모님이 하라고 해서, 주변에서 다들 해서라고 대답할 거예요. 어렸을 때부터 사람들에게 그런 말을 많이 들었기 때문이지요.

저도 많은 청소년들을 만나 물어봤지만 대부분의 아이가 어려서부터 부모님이 대학에 꼭 가야 한다고 해서 그렇게 생각한다고 말했습니다. 정확히 왜 가야 하는지 모르는 경우가 대부분이었어요. 부모님을 실망시켜드리고 싶지 않아서라고 대답한 경우도 있었습니다. 그런데 자기가 찾은 것이 아닌 다른 사람에 의해 심어진 이유는, 절대 오랜 기간 효력을 발휘할 수 없습니다.

공부를 해야 하는 자기만의 이유를 반드시 찾아야 합니다. 그리고 부모는 아이가 이것을 찾을 수 있도록 도와줘야 합니다. 어려서부터 공부 습관이 잡혀 습관적으로 책상 앞에 앉는다고 하더라도 스스로 왜 공부해야 하는지 모른다면 절대 오랜 시간 공부하지 못합니다. 공부는 평생에 걸쳐 오랜 기간 해야 하는 것이기에, 본인이 스스로 왜 공부해야 하는지 알아야 해요. 이때 단순히 '대학에 가기 위해서'라는 이유는 지양해야 합니다. 신종호 교수님은 우리나라 학생들이 대부분 '대학에 가는 것'을 공부의 목표로 설정하기 때문에 대학에 합격하는 순간, 삶의 의미나 목표를 잃고 방황하는 경우가 많다고 지적합니다.

아이가 공부를 왜 하는지 의미를 찾을 수 있도록 돕는 것은 만만치 않은 일입니다. 매일 비슷비슷한 생활 속에 갇혀 있는 아이들이 인생의 목표나 공부의 이유를 찾는 것은 결코 쉽지 않습니다. 신종호 교수님은 다른 사람의 삶을 보여줄 것을 추천합니다. 그것의 가장 효과적인 방법은 '여행'과 '독서'입니다. 이때 여행은 유명 여행지가 아니라 되도록 평범하게 살아가는 사람들이 있는 장소를 추천합니다. 유명한 곳에 가서 사진 찍고 밥 먹는 것이 아니라 어촌이나 시장 등 많은 사람들이 있는 곳에 가서 다양한 사람들의 삶을 경험하게 하는 것이죠. 사람들이 왜 이런 문화를 가지고 살아가는지 궁금해하고, 그것의 답을 찾아가면서 세상은 이런 것이고 나는 앞으로 세상을 어떻게 살아가야 하는지 고민해볼 수 있습니다.

책은 다양한 사람들의 경험을 집약해서 보여줍니다. 책만큼 다른 사람의 삶이나 생각을 효과적으로 알려주는 매개체는 없습니다. 책을 읽으며 다른 사람의 삶을 자신의 삶에 투영하고 무엇을 하고 싶은지, 앞으로 어떻게 살아가야 할지 생각해볼 수 있습니다.

하고 싶은 것이 생기면 그것을 공부와 연결하는 노력도 필요합니다. 신종호 교수님은 첫째 아들의 이야기를 해주셨어요. 특별히 하고 싶은 것이 없던 아이가 유일하게 좋아하는 게 농구였죠. 자연스럽게 농구 선수가 되고 싶다는 꿈을 꿨다고 해요. 그러자 교수님은 아들과 함께 농구장에 자주 갔습니다. 그리고 농구 경기를 둘러싼 다양한 직업군을 보여주고 관심을 갖게 유도했죠. 사실 농구 경기가 진행되기 위해서는 농구 선수만 필요한 게 아닙니다. 심판, 캐스터, 감독 등등 관련된 많은 직업군이 있죠. 교수님의 아들은 그중 자신에게 가장 잘 맞는 직업군을 발견하면서 공부하는 이유를 찾을 수 있었습니다. 실제로 교수님의 아들은 신체적 한계로 농구 선수의 꿈이 좌절됐을 때 실망하지 않고 다른 직업군을 향해 공부에 매진했다고 해요.

나무보다 숲을 볼 줄 아는
학습 전략이 필요하다

두 번째, '도道'는 효과적으로 학습할 수 있는 학습 전략을 의미합니다. 일단 공부를 잘하기 위해서는 많은 학습 시간을 확보하는 것이 무엇보다 중요합니다. 그런데 시간은 한정돼 있으니 좀 더 효과적으로 공부해야겠죠.

이때 중요한 원칙이 두 가지 있습니다. 첫 번째 원칙은 공부할 때 나무보다는 숲을 보는 자세를 갖춰야 한다는 것입니다. 교수님은 성적을 잘 받기 위해서는 교과서 학습을 해야 한다고 강조하는데, 이때 교과서를 처음부터 끝까지 꼼꼼하게 보겠다고 생각하면 안 된다고 말합니다. 놓치지 않고 살펴봐야 한다는 부담을 느끼면 오히려 학습 의욕이 떨어집니다. 그래서 1단원만 열심히 하고 포기해버리는 결과를 낳게 되지요. 가벼운 마음으로 한 번 훑어보는 게 중요합니다. 목차나 개념어 위주로 구조를 파악하고 나서, 두 번째 읽을 때부터 조금씩 세분화해보는 겁니다. 이렇게 하다 보면 전체가 머릿속에 사진처럼 남는 효과가 있습니다. 그렇게 교과서를 여러 번 읽는 것이 중요하다고 강조합니다.

『서울대 의대 엄마는 이렇게 공부시킵니다』를 쓴 정신과 전문의 김진선 저자는 자녀가 서울대 의대를 우등으로 졸업할 수 있었던 비결로 '교과서 세 번 읽기'를 꼽습니다. 너무 단조로운 공부법이지만 생각보다 교과서를 세 번 읽는 사람이 없습니다. 대부분 한두 번 읽고 거기서 멈추거나 문제를 푸는 데 전념하는데, 교과서를 세 번 정확히 읽는 것이 시험을 잘 보기 위해서 그 무엇보다 필요한 방법이라고 강조합니다.

두 번째, 문제집은 자신이 모르는 것을 확인하는 용도로 활용합니다. 교과서를 읽고, 자신이 제대로 읽었는지 확인하기 위해 문제집을 푸는 것이죠. 그런데 많은 사람들이 주객이 전도돼 문제를 더 중요하게 생각하거나, 점수에 집착하는 경향을 보입니다. 100점을 맞기 위해서 어떻게든 점수에 집착하죠. 심지어 문제를 제대로 풀지도 않고 해설지만 보고 고개를 끄덕이는 경우도 있습니다. 자신이 모르는 내용을 확인하는 용도로 문제집을 활용하면, 점수에 대한 부담을 덜게 되는 효과가 있습니다. 틀린 것은 반드시 교과서로 다시 확인하는 노력을 잊지 말아야 합니다.

단순히 조용한 장소가
공부하기 좋은 장소는 아니다

세 번째는 공부하는 환경場입니다. 공부를 오래 하려면 공부하는 환경이 중요합니다. 그런데 공부하는 환경의 중요성을 강조하면, 집중할 수 있는 환경을 말한다고 생각하기 쉽습니다. 잘 정리된 환경이 집중할 수 있는 환경이라고 여겨 깨끗한 환경을 마련하기 위해 노력하죠. 아니면 아이에게 책상 정리 잘하라는 잔소리를 늘어놓습니다. 하지만 이때 중요한 것은 잘 정리된 환경이 아니라 심리적으로 편안한 환경이에요.

천재 물리학자 아인슈타인Albert Einstein의 책상을 본 적 있으신가요? '저런 곳에서 공부할 수 있을까' 하는 생각이 들 정도로 지저분하기 짝이 없습니다. 책들이 널브러져 있어서 앉을 자리도 없어 보입니다. 그렇다고 아인슈타인처럼 지저분해야 한다는 의미는 아닙니다. 중요한 것은 본인에게 편안한 환경이 중요하다는 것이죠. 정리에 너무 집착할 필요는 없습니다.

밀폐된 장소를 고집할 필요도 없습니다. 편안한 장소가 잘 집중되는 장소입니다. 그런데 많은 부모가 공개된 도서관보다는 밀폐된 독서실에서 공부하기를 원합니다. 단언컨대 도서관에서 집중하지 못하는 아이는 독서실에서도 집중하지 못합니다. 중요한 것은 아이가 좀 더 편안해하는 공간에서 공부하는 것이죠. 집중력을 오래 이어가기 힘들다면 장소를 바꾸는 게 좋습니다. 예를 들어 독서실–집–도서관 형식으로 한두 시간 간격을 두고, 공부하는 장소를 바꾸면 환기돼 집중력을 높일 수 있습니다. 만약 장소를 이동하는 데 제약이 있다면 집에서 책상 위치나 공부하는 위치를 바꾸는 것만으로도 효과가 있습니다.

음악을 들으면서 공부하는 학생들이 많은데, 음악은 확실히 집중력을 분산시킵니다. 그래서 공부할 때는 음악을 안 듣는 것이 좋아요. 그런데 왜 아이들은 공부할 때 음악을 듣고 싶어 하는 것일까요? 일단 음악을 들으면 기분이 좋아져요. 즉, 지겨운 공부를 음악의 힘으로 좀 더 기분 좋게 하고 싶은 바람의 표현인 것이죠. 이런 경우, 공부를 시작하기 전에 3~4곡 정도 좋아하는 음악을 듣고 기분이 좋아진 상태에서 공부를 시작하는 것이 효과적입니다. 이때 되도록 가사가 없는 음악을 추천합니다.

02 효율을 높이는 '몰입'의 효과

황농문 (서울대 재료공학부 교수)

학습 성과에 지대한 영향을 끼치는
'몰입'의 힘

'시간 가는 줄 모르고 영화를 봤다.' '게임하느라 시간 가는 줄 몰랐다.'

가끔 이런 경험을 하는 순간이 있습니다. '시간 가는 줄 모르고' 무엇을 하는 것을 '몰입'이라고 말합니다. 그런데 이 몰입이 공부하는 힘을 키워준다고 강조한 분이 계세요. 몰입 이론의 창시자인 미하이 칙센트미하이Mihaly Csikszentmihalyi의 이론을 교육적으로 해석한 서울대 재료공학부 황농문 교수님이십니다.

황 교수님이 '몰입'에 관심을 가지게 된 계기가 있습니다. 1989년 미국국립표준연구원에 포스터닥(박사후 과정)을 갔을 때, 미국 석학들과 함께하면서 누구보다 더 잘 연구하고 싶다는 마음이 컸답니다. 연구 성과를 내기 위해서 1초도 쉬지 않고 의도적으로 생각하자 풀리지 않는 문제들의 실마리가 기적같이 보이기 시작했습니다. 뇌를 많이 썼는데도 피곤하기는커녕, 오히려 뇌에 윤활유를 바른 것처럼 더 잘 작동하는 느낌을 받았다고 해요. 해법이 생각나고 창의적인 아이디어가 쏟아져 나오자 천국에 있는 것처럼 기분도 좋아졌죠.

한국에 돌아와 그때 했던 방식으로 연구에 매진하자 수십 년간 해결 못한 난제도 풀 수 있었습니다. 미해결로 남아 있던 난제 중 하나인 세라믹의 비정상 입자 성장을 2개월 만에 해결하는 기록을 세웠죠.

이렇듯 직접 체험하면서 몰입의 효과를 깨달은 교수님은 몰입을 연구가 아닌 공부에도 적용하면 좋겠다는 생각을 했습니다. 연구와 공부는 둘 다 생각을 많이 해야 한다는 점에서 공통점이 있으니, 몰입을 통해 생각을 극대화하면 더 좋은 학습 성과가 나올 것이라는 가정을 세운 거죠. 그리고 본격적으로 몰입을 연구하기 시작했습니다.

교수님이 몰입의 효과를 강조하는 이유는 간단합니다. 몰입을 하면 뇌에서 도파민이 분비돼 공부의 효율이 높아집니다. 도파민은 뇌를 각성시켜 '집중'과 '주의'를 유도하고, 쾌감을 일으키며, 삶의 의욕을 높이는 신경전달물질이에요. 몰입을 하면 도파민으로 인해 생각하는 과정 자체를 즐길 수 있게 됩니다.

단, 몰입은 어느 날 갑자기 할 수 있는 것이 아니라 평소 연습하는 과정이 필요합니다. 황 교수님은 "몰입은 생각의 마라톤"이라고 강조하면서 "어릴 때부터 마라톤을 안 해본 사람이 단박에 42.195km를 뛸 수는 없다. 1km부터 달리는 연습을 해야 한다"고 말했습니다.

가장 효과적인 방법은 미지의 수학 문제를 놓고 생각하는 것입니다. 수학은 사고력을 확장시켜주는 가장 좋은 도구예요. 미지의 수학 문제를 놓고 처음에는 5분, 그다음에는 10분, 이렇게 점점 시간을 늘려서 고민하는 과정을 지속하는 것이 좋습니다. 조금씩 익숙해지면 문제의 난도를 조금씩 높이는 것이 효과적이죠.

오로지 문제를 놓고 생각하는 과정에 집중하기 위해서는 몸과 마음이 편안해야 합니다. 편안한 상태에서 천천히 생각하는 것에만 집중하는 것이죠. 교수님은 이를 '슬로 싱킹slow thinking'이라고 부릅니다. 슬로 싱킹을 원활히 하기 위해 편안한 소파까지 맞춤 제작을 했습니다. 생각하다가 졸리면 잠시 선잠을 자는 것도 좋습니다. 문제에 몰입했다면 선잠을 자는 과정에서도 뇌는 멈추지 않고 작동하기 때문이죠. 그렇게 고민하고 생각하다 보면 끝내 실마리를 얻게 된다고 교수님은 단언합니다.

자신 안에 숨어 있는 천재성을
깨우기 위해선 '몰입'이 필요하다

제가 생각하는 '몰입'이란 중요한 순간이라고 뇌를 속이는 과정입니다. 중요한 순간에는 잡다한 모든 것을 잊고 오로지 한 가지 목표에 집중하는 것처럼 문제를 해결하는 과정이 뇌를 속이는 것이죠. 닫히는 엘리베이터를 보고 전속력으로 달리거나 다음 날까지 내야 하는 서류가 있을 때 잡념 없이 오롯이 그것에 매진하는 것처럼요. 무조건 지금 해야 하는 중요한 과제이기 때문에 금세 몰입하게 됩니다. 그것과 마찬가지로 중요하지 않을 수도 있지만 중요한 것이라고 뇌를 속여 몰입을 유도할 수 있습니다. 뇌를 착각하게 만드는 방법은 간단합니다. 문제에 흠뻑 빠지는 것이죠. 자나 깨나 오롯이 문제에 집중해 뇌를 속이는 겁니다. 이렇게 하면 뇌는 중요하다고 생각해 몰입하고, 도파민을 분비해 평소보다 더 각성하고 집중하는 효과를 낳습니다.

단, 몰입과 집중은 차이가 있습니다. 집중력은 주로 순간의 집중을 의미하는 반면, 몰입은 한 가지 활동에 주의 집중을 지속하는 것입니다. 따라서 몰입을 잘하기 위해서는 1분부터 시작해 5분, 10분, 30분 순으로 시간을 늘려서 생각을 많이 하는 것이 좋습니다.

명문대 합격생 등 공부를 잘하는 학생에게 공부를 잘하는 비결을 물으면 안 풀리는 문제를 끝까지 물고 늘어지다가 풀렸을 때 쾌감을 느껴서 공부를 열심히 하게 되었다거나 열심히 하다 보니 잘하게 됐다는 경우를 종종 봅니다. 몰입을 통해 문제를 해결한 경험이 있는 학생은 어려운 문제에 도전하는 것을 주저하지 않습니다. 오히려 즐깁니다. 문제를 풀었을 때의 짜릿한 쾌감을 잘 알고 있기 때문이에요. 그리고 이 쾌감은 평상시에는 발휘되지 않는 잠재력을 극대화시키기도 합니다.

황 교수님은 몰입은 자신 안에 숨어 있는 천재성을 깨우는 방식이라고 강조했습니다. 누구에게나 천재성이 있는데, 몰입을 통해 발현된다고 말이죠. 재능 연구자들은 모차르트Wolfgang Amadeus Mozart, 아인슈타인, 빌 게이츠Bill Gates 등 뛰어난 업적을 이룩한 사람들의 재능은 신이 내린 선물이 아니라 후천적으로 발달한 것이라고 입을 모읍니다. 황 교수님은 이들이 자신의 잠재력이 발달하도록 오랜 기간 몰입하는 것을 훈련했을 것이라고 단언합니다. 그리고 그 방식을 끊임없이 연습하면 누구나 놀라운 성과를 낼 수 있다고 강조합니다.

몰입 훈련은
어떻게 해야 할까

아이에게 몰입 훈련을 시키는 것은 만만치 않은 과제입니다. 자칫 부담으로 작용할 수 있기 때문이죠. 저는 실현 가능한 방법으로 '해설지'에 의지하지 않는 것을 추천합니다. 아이들 중에는 문제가 잘 안 풀리면 쉽게 뒷장을 넘겨 답을 보는 경우가 많아요. 그리고 해설지를 보고 이해되면 아는 문제라고 여겨 다음으로 넘어가죠. 이건 분명 잘못된 방식입니다. 예를 들어 수학은 문제를 놓고 해결의 실마리를 찾는 능력을 평가하는 것이지, 해결된 답을 보고 이해했는지를 묻는 과목이 아닙니다. 해설지에 의지하면 새로운 유형의 문제나 어려운 문제를 잘 풀 수 없습니다. 많은 학생들이 초등학생 때 수학에서 어느 정도 좋은 점수를 받다가 중

고등학교 때 난이도 높은 심화 문제에 손도 못 대는 이유가 바로 이것입니다. 수학 문제를 놓고 곰곰이 생각해본 경험이 부족하기 때문이에요. 수학 문제는 한 가지 풀이 방법만 존재하는 것이 아니기 때문에 자신만의 해결 방법을 찾아내기 위해 끊임없이 생각하고 도전하고 몰입해야 합니다.

몰입은 쉽게 말해 생각하는 훈련을 하는 것입니다. 초등학교 고학년이라면 적어도 일주일에 하루는 수학 심화 문제 하나 정도는 해설지를 보지 않고 풀어보는 노력을 하는 것이 좋습니다. 지금 당장 풀겠다는 각오가 아니라 1년이 걸려도 좋으니 스스로 풀겠다는 자세로 임하는 것이 바람직합니다. 이런 각오로 매달린 문제를 푸는 성취가 몇 번 쌓이면 그 다음부터는 좀 더 수월하게 몰입을 할 수 있습니다.

그렇다고 모든 과목을 수학처럼 극도로 몰입할 필요는 없습니다. 비교적 쉬운 내용을 공부할 때나 주위가 어수선할 때 쉽게 할 수 있는 몰입 방법은 바로 '반복'입니다. 반복은 우리 뇌에 강한 자극을 줍니다. 황 교수님은 스마트폰으로 영어 말하기와 듣기 능력을 향상시키는 방법을 자주 활용합니다. 일정 구간 반복해서 재생해주는 어학 학습 앱을 다운받고, 원어민이 발음한 하나의 영어 문장을 무한 반복하는 것입니다. 5분 정도 똑같이 따라 하며 발음을 연습하고 다음 문장으로 넘어가는 방식을 반복하다 보면 뇌에 강한 자극이 형성돼 다른 생각이 비집고 들어오기 어렵습니다. 이 방법을 사용하면 아무 때나 쉽게 몰입할 수 있기에 이동 시간 등 자투리 시간을 효과적으로 활용할 수 있습니다.

이밖에 자투리 시간에 적합한 몰입 방법으로는 포스트잇 같은 메모지를 활용하는 것이 있습니다. 자주 가는 곳, 늘 가지고 다니는 물건 등에 문제의 핵심 키워드를 적어두는 것이죠. 그렇게 하면 메모지를 볼 때마다 생각이 제자리로 돌아올 수 있습니다.

몰입 훈련에서 부모가 주의할 것은 조급한 마음을 갖지 않는 것입니다. 아이가 30분간 진짜 열심히 생각했는지 의심이 들더라도 믿고 기다려주세요. 의심하는 순간, 아이는 몰입하는 과정을 즐기지 못하고 부담스러운 일로 여기게 됩니다. 문제를 빨리 풀라고 독촉하지 말고 "천천히 생각해봐", "시간은 얼마든지 있어"라는 말로 아이 스스로 충분히 고민할 수 있도록 지지해주세요. 이런 몰입 훈련을 초등 시기에 여유롭게 시도하고 습관화하면 중고등 때부터는 오히려 시간에 쫓기지 않을 수 있습니다.

03 공부의 나쁜 습관부터 없애라

김경일 (아주대 인지심리학과 교수)

'체력'과 '휴식' 없이는
좋은 학습 습관을 가지기 어렵다

수려한 말솜씨, 깊이 있고 독보적인 전문성을 갖춘 아주대학교 인지심리학과 김경일 교수님. 현재의 교수님을 보면 학창 시절 전형적인 모범생의 길을 걸었을 것이라고 생각하기 쉽지만, 실상은 그렇지 않습니다. 공부 잘하는 아이보다는 오히려 공부 못하는 아이의 마음을 더 잘 이해한다고 얘기하실 정도로 공부와는 거리가 먼 생활을 했죠.

교수님은 고등학교 2학년 1학기까지 운동선수였습니다. 초등학교 2학년 때 테니스를 시작해 고등학교 2학년 때까지 학생 선수였다고 해요. 체육 특기자로 중고등학교를 진학했죠. 운동부라고 하면 그려지는

252

이미지대로 교수님은 운동만 보고 살았습니다. 아침부터 밤늦게까지 운동장에서 뛰고 구르느라 공부와는 담을 쌓았죠. 그러다가 대입을 앞두고 진지하게 운동선수로서 자신의 경쟁력을 생각하다가 좌절했고, 공부로 전향했습니다.

공부와 담 쌓은 운동부 선수가 어떻게 명문대에 합격할 수 있었을까요. 김 교수님은 '나쁜 습관이 없었던 것'을 가장 큰 이유로 꼽습니다.

"서바이벌 오디션 프로그램에서 가수 박진영 씨가 이런 심사평을 한 적 있어요. 좋은 습관이 얼마나 있느냐보다 나쁜 습관이 얼마나 없는지가 노래를 잘하기 위해서는 더 중요하다고 말이죠. 저는 공부를 시작하는 단계였기에 나쁜 습관이 전혀 없는 백지 상태 같았습니다. 주변 친구들은 일찍부터 공부를 시작해서 저마다 습관이 있었는데, 나쁜 습관이 대부분이었죠. 저는 모든 것을 시작하는 마음으로 나쁜 습관 없이 백지에서 하나씩 채워나갔어요."

첫 번째 나쁜 습관은 꾸벅꾸벅 졸면서도 책상 앞을 지키는 것입니다. 김 교수님은 공부를 시작하기로 마음먹은 날, 교실 뒷좌석에 앉아 다른 친구들을 관찰했습니다. 그런데 절반 이상이 졸고 있었어요. 그나마 졸지 않는 친구들도 대부분 멍하게 있거나 딴짓을 하고 있었습니다. 전날 밤늦게까지 학원을 다니느라 잠이 부족해 수업 때 조는 친구들도 많았지요. 교수님은 운동으로 다져진 체력이 받쳐주는 데다가 피곤하지 않았기에 누구보다 수업에 집중할 수 있었어요. 그리고 마치 방청객처럼 매 교시 수업마다 선생님의 말씀에 호응하며 교과 과정을 흡수했습니다.

공부할 때 체력은 무엇보다 중요합니다. 체력이 없으면 한자리에 오래 앉아 있기 힘들고, 집중하는 시간도 짧아질 수밖에 없어요. 만성피로 상태에서는 제대로 생각하기가 어려워요. 체력적으로 한계를 느껴가면서 억지로 앉아 있어봤자 크게 도움이 안 됩니다. 더 심각한 건 체력적 한계를 느끼면서도 공부하는 습관이 굳어져버린 경우예요. 뇌 상태를 고려하지 않아 효율적이지도 않은 데다가 신체 건강의 적신호가 나타날 수 있는 나쁜 습관이죠.

몰입 전문가로 알려진 한국몰입연구소 한근영 소장님은 산만하고 집중하지 못하는 아이 때문에 센터를 찾는 부모들에게 아이의 컨디션부터 살펴보라고 조언합니다. 아이가 잘 먹는지, 잘 자는지 등 신체 컨디션이 집중력에 굉장히 큰 영향을 주기 때문이죠. 컨디션이 갖춰져야 집중할 수 있는데, 대부분 그렇지 못하고 잠을 잘 못 자거나 밥을 제때 못 먹는 아이들이 많다고 지적합니다.

아이에게 체력적으로 한계가 왔다면 몸이 보내는 신호를 무시하지 말고 일단 휴식을 취하거나 잠을 자게 도와줘야 합니다. 잠이 보약이라는 말이 있듯, 충분한 수면은 신체와 뇌 건강에 도움을 줍니다. 한때 '4당 5락'이라는 말이 유행했습니다. 네 시간 자면 붙고 다섯 시간 자면 떨어진다는 뜻이지요. 부모님 중에는 아직도 이를 믿고 아이에게 잠을 줄여서라도 공부하라는 조언을 하는 경우가 있습니다. 하지만 이는 잘못된 생각입니다. 제가 만난 수능 만점자들은 한결같이 여섯 시간 이상 충분히 수면을 취했다고 강조했어요. 그리고 바쁜 고3 때조차도 틈틈이 운동을 한 경우가 많았습니다. 그것이 간단한 줄넘기나 달리기라도 말이에요.

김 교수님이 발견한 친구들의 나쁜 습관 두 번째는 바로 '멀티태스킹'입니다. 즉, 두 가지 일을 동시에 하는 것이죠. 예를 들어, 먹으면서 공부하거나, 음악을 들으면서 공부하거나, 친구와 문자를 주고받으면서 공부하는 식이죠. 흔히 여러 가지 일을 동시에 하는 것이 능률적이라고 생각하는 경향이 있는데, 교수님은 이런 멀티태스킹을 멀리해야 한다고 강조합니다. 동시에 두 가지 일을 할 때 우리는 한 가지가 잘 되면 나머지 일도 잘 되고 있다고 생각합니다. 그러나 이는 착각일 뿐이에요. 여러 가지 일을 한번에 하면 집중력이 떨어져 오히려 공부하는 데 방해가 됩니다.

아이의 '접근 동기'와
'회피 동기'를 자극하라

김 교수님이 활용한 세 번째 방법은 1년간 '회피 동기'를 강하게 만든 것입니다. 사람의 욕망은 크게 두 가지 축으로 구성됩니다. 하나는 좋은 것을 바라는 욕망이고, 다른 하나는 싫거나 무서운 것을 피하고자 하는 욕망입니다. 이런 욕망은 사람을 변화시키는 힘을 만듭니다. 이를테면, 원하는 대학에 가기 위해 열심히 공부한다거나, 벌을 받지 않기 위해 오늘 열심히 숙제를 하는 식이죠. 두 가지 욕망을 적절히 자극하면 보다 좋은 결과를 만들어낼 수 있습니다.

김 교수님은 운동부 선배들의 모습을 자주 떠올렸어요. 대학에 떨어져 방황하는 선배들을 보면서 절대 재수는 하지 않겠다고 굳게 결심했죠. 어떻게든 재수를 피하고자 하는 마음으로 1년 동안 열심히 노력한 결과, 원하는 대학에 합격할 수 있었다고 해요.

이를 인지심리학에서는 '접근 동기'와 '회피 동기'라고 설명합니다. 접근 동기는 좋은 것을 갖게 해서 무엇인가를 향상시키는 데 도움이 되고, 회피 동기는 싫거나 나쁜 것을 막아 무엇인가를 예방하는 데 도움이 되죠. 김 교수님이 쓴 방법은 바로 '회피 동기'입니다. 회피 동기는 단기간에 위력을 발휘해요. 지금 당장 일어날 가능성이 높은데 그것을 피하고 싶을 때 활용하는 게 좋습니다. 그런데 많은 부모가 회피 동기를 유초등 아이에게 적용하는 경우가 많습니다. "공부 안 하면 낙오자가 된다"거나 "놀고 싶으면 대학 가서 놀아라"거나 "성적 떨어지면 혼날 줄 알아라"는 식으로 말이죠. 특히 라이벌을 자주 언급하죠. "너 옆집 아이보다 성적 꼭 잘 받아야 한다", "OO이는 꼭 이겨야 한다"라고 말이죠.

회피 동기는 단기간에만 효력을 발휘하기 때문에 입시 마라톤에 이제 막 뛰어든 유초등생에게는 효과적이지 않습니다. 피하는 과제를 오래 지속하는 것은 마음에 부담이 될 수 있기 때문이죠. 이럴 때는 접근 동기를 활용하는 것이 좋아요. 무엇을 향해 나아가거나 무엇을 얻기 위해서 장시간 노력하는 것이죠. 아이의 꿈이나 목표를 응원해주는 것이 좋습니다. '과학자가 되기 위해서는 과학 성적이 좋아야 하니까 공부를 더 열심히 해야지'라고 각오를 다지게 하는 겁니다. 이처럼 접근 동기는 자신이 원하는 것이 무엇인지 알아야 시도할 수 있습니다.

접근 동기와 회피 동기는 시간을 기준으로 효과적으로 적용해야 합니다. 이를테면 마라톤 선수를 응원한다고 가정해봅시다. 초반에는 "5킬로미터나 뛰었어", "스타트가 좋았어. 잘하고 있어. 이렇게 가자"는 식으로 응원하고, 중반 이후부터는 "10킬로미터밖에 남지 않았어", "다 왔어. 조금만 가면 돼"라고 격려하는 거죠. 입시를 치르는 아이에게도 이를 적용해 응원하는 것이 좋습니다. 초등 때는 현재를 잘하고 있음을, 고등 때는 대입까지 얼마 남지 않았음을 강조하는 것이죠.

주어진 시간을 세분화해
계획을 세울 것

김 교수님은 이외에 공부할 때 계획의 중요성도 강조합니다. 많은 학생들이 계획의 중요성을 인지해 '학습 플래너'를 활용하는데, 문제는 이때 목표를 계획이라 착각하는 경우가 있다는 점이에요.

'하루 세 시간 공부하기', '국어 공부 한 시간 동안 하기', '중간고사 평균 5점 올리기' 같은 것은 목표이지 계획이 아닙니다. 계획은 이보다 훨씬 더 구체적이고 세부적이어야 해요. 계획이 촘촘하지 않으면 정확하게 무엇을 어떻게 해야 할지 몰라 방황할 수 있기 때문입니다. 다시 말해, 계획이 명확하지 않으면 하루 세 시간씩 책상 앞에 앉아 있어도 무엇 하나 제대로 해내지 못할 수 있어요. 국어책을 펼쳤다가 수학이 걱정돼 수학책을 펼치거나, 수학을 공부하다가도 영어 단어장을 꺼내는 실수를 하는 것이지요. 왜냐하면 세 시간은 내일도 있기 때문이에요.

계획은 목표를 달성하기 위한 수행 과정임을 인지해야 합니다. 이 과정에는 '정해진 시간에 정확하게 내가 해야 할 일'이 제시돼야 합니다. '공부 시간 세 시간'만 달랑 쓴 계획은 제대로 된 계획이 아닙니다.

눈금이 있는 자와 눈금이 없는 자를 생각해보세요. 눈금이 없는 자는 시작과 끝이 있을 뿐이죠. 반면 눈금이 있는 자는 처음부터 끝으로 가기까지의 과정을 알 수 있습니다. 뿐만 아니라 그 과정을 보면서 그날의 계획을 평가할 수도 있죠. '세 시간 공부하기'를 계획으로 만들려면 주어진 세 시간을 세분해야 합니다. 국어, 수학, 영어를 50분 공부하고, 나머지 30분은 부족한 부분을 보충하는 방식으로 계획을 잡는 것이죠. 여기서 더 나아가 국어와 영어는 각각 지문 5개, 수학은 문제 10개를 푼다는 식으로 구체적으로 계획을 세우는 것이 좋습니다. 이런 식으로 계획을 세우면 평가도 쉽게 할 수 있습니다. 국어와 영어는 해냈지만 수학을 하지 못했다면, '오늘은 내가 세운 계획의 70퍼센트 정도만 해냈구나' 같이 평가를 쉽게 할 수 있습니다. 또한 오늘 계획 중 무엇을 잘하고 무엇을 못했는지도 한눈에 알 수 있어요.

이와 함께 학습 계획에서 중요한 것은 그날 할 공부를 100퍼센트 했는지, 하지 못했는지, 하지 못했다면 몇 퍼센트 부족한지 점검하는 것입니다. 그래야 이 정도 과제를 하기 위해서는 얼마만큼의 시간이 걸리는지, 어떤 상태에서 과제를 더 많이 할 수 있는지 등 컨디션을 확인하며 메타인지를 높일 수 있습니다. 그리고 이 부분에서 부모는 아이에게 단순히 "공부해!"가 아닌 "오늘 계획 세운 것은 다했니? 점검해봤니?"라고 격려해주면서 행동을 이어갈 수 있도록 돕는 것이 좋습니다.

04 '공부'가 곧 '시험'이라는 생각 벗어나기

최재천(이화여대 에코과학부 석좌교수)

공부가 놀이가
될 수 있을까

우리나라를 대표하는 석학인 이화여대 에코과학부 최재천 석좌교수님을 인터뷰했습니다. 워낙 일정이 많은 분이기에 주어진 인터뷰 시간은 정확히 한 시간. 평소에 촬영하던 스튜디오가 아닌 연구실로 찾아뵀기에 카메라를 설치하는 데 예상보다 시간이 훨씬 많이 걸렸습니다. 초조해하며 인터뷰를 시작했는데, 끝나고 나니 두 시간이 흐른 뒤였죠. 교육에 관한 질문에 교수님은 누구보다 진심으로 답했습니다. 안타까운 교육 현실을 바꾸는 데 조금이라도 기여하고 싶다는 바람을 알 수 있었지요.

교수님은 한 달에 한 번씩 시골에 있는 작은 분교에 가서 아이들을 가르칩니다. 바쁜 와중에 시간을 내는 것이 부담스럽기도 하지만 진심으로 즐겁다고 말씀하셨어요. 이른바 '자연 수업', 그러나 우리가 아는 수업과는 조금 거리가 있습니다. 칠판에 배울 것을 적고 정리해서 알려주는 기존 수업과는 달라도 많이 다릅니다. 논이나 산에 가서 자연을 느끼고 배우는 수업이에요. 신기한 곤충을 관찰하기도 하고, 풀을 놓고 반 아이들과 둘러앉아 얘기를 나누기도 하죠. 교수님이 수업 때 가장 많이 하는 말씀은 "자, 이제부터 놀자!"입니다. 재미있게 놀면서 익히는 것이 중요하다고 생각하기 때문이죠. 그리고 아이들이 조금씩 깨닫는 과정에서 큰 보람을 느낀다고 하셨습니다. 이렇게 자연을 배우면 지식을 전달받는 방식보다 빈틈이 많을 수 있습니다. 교수님은 그 빈틈을 스스로 메워 가는 과정이 진짜 학습이라고 강조하셨습니다.

교수님은 '공부는 놀이'여야 한다고 강조합니다. 그렇지 않으면 평생교육 시대에 공부를 오래 하지 못하고 중도에 포기하거나 질릴 수밖에 없습니다. 공부가 고통스러운 기억이 되지 않으려면 놀이가 돼야 한다는 의미입니다. 과연 공부가 놀이가 될 수 있을까요. 교수님은 본인의 학창 시절 일화를 들려주셨습니다.

학창 시절 교수님에게도 공부는 싫은 대상, 피하고 싶은 대상이었습니다. 고등학교 때까지 공부에 대한 관심이 전혀 없었어요. 어머니의 성화로 어쩔 수 없이 공부를 하는 정도였지요. 다른 사람의 강요에 의해 움직였기에 공부에 대한 부정적인 감정이 심했습니다. 당연히 성적의 기복이 심했고, 수학 성적은 30점을 넘지 못할 때가 많았죠. 다행히 시험

때는 선생님이 내는 문제 패턴을 외워서 웬만큼 점수를 유지하곤 했습니다.

그럼에도 불구하고 우리나라 최고 명문대인 서울대에 합격했으니 설득력이 없는 것 아니냐는 질문에 교수님은 이렇게 답변했습니다. 만약 서울대에 합격한 것으로 만족하고 이후 유학길에 올라 공부의 재미를 발견하지 못했다면 지금의 자신은 없을 것이라고 말이죠. 교수님은 재수 끝에 들어간 대학에서 너무 많은 패배를 경험했답니다.

막막한 미래, 변화가 필요한 시점에 우연히 선택한 유학 생활에서 교수님은 이전에는 몰랐던 공부의 재미를 느끼게 됩니다. 누구의 강요가 아니라 스스로 선택한 공부였기에 점점 책임감이 들고, 전공에도 관심이 생기기 시작했습니다. 그때부터 시간 가는 줄 모르고 공부에 빠져들었습니다. 또한 다른 어떤 것보다 전공 책을 읽고 수업 때 발표하고 토론하는 것에 재미를 느꼈습니다.

교수님은 공부에 눈을 뜬 계기를 두 가지로 설명합니다. 일단 시험 성적에서 자유로웠던 것을 첫 번째로 꼽았어요. 대개 시험은 배운 것을 확인하는 수준에 머물다 보니 외우기에 급급하고 점수가 지나치게 부담으로 작용합니다. 교수님은 입시나 성적에 시달리지 않아도 된다는 자유로움이 오히려 공부에 매진하는 원동력이 되었다고 설명했습니다. 다른 하나는 선입견을 떨친 것을 꼽았습니다. 학창 시절에 교수님은 자타공인 '수포자'였습니다. 수학 때문에 좋은 대학에 못 갈 것이라고 생각할 만큼 수학 성적이 하위권이었죠. 그런데 미국에 도착하자마자 처음으로 치른 GRE(미국의 대학원 수학 자격시험) 수리 시험에서 만점을 받았다고 해요. 그것이 소문나 동양에서 수학 천재가 왔다고 알려졌고, 석사를 마칠 때쯤에는 수학을 전공해보면 어떻겠느냐는 제안을 받기도 했답니다. 수학을 못하는 기준이 우리나라의 시험 시스템 때문이었고, 다른 기준에서는 그렇지 않을 수도 있다고 생각하니 점점 자신감이 생겼습니다.

교수님은 이런 경험을 통해 우리나라 교육, 특히 시험 방식이 공부의 재미를 반감시키는 역할을 한다는 사실을 깨닫게 됐죠. 이런 시험으로 인해 더 이상 자신과 같은 희생자, 패배자가 나타나지 않기를 바란다는 마음을 인터뷰 내내 강조하셨습니다. 이런 메시지에 힘을 싣고자 교수님은 시험을 치르지 않는 것으로 유명해요. 중간고사, 기말고사 없이 평소 수업 태도와 과제, 참여도를 바탕으로 성적을 매깁니다. 시험을 치르지 않고 평가하는 것이 가능할까 싶지만, 평가자가 조금만 더 노력하면 충분히 가능하다는 것이 교수님의 답변입니다.

시험 점수가 공부의 모든 것이
될 수는 없다

평소 모범생이고 열심히 공부했는데도 시험만 보면 불안에 떨다가 제 실력을 발휘하지 못하는 아이들을 정말 많이 봅니다. 시험에 대한 압박감 때문이죠. 우리나라의 시험은 주어진 분량을 누가 더 많이 외우나의 싸움입니다. 암기에 약하거나 긴장을 많이 하는 아이들은 좋은 성적을 받기 어렵죠. 그것은 결과적으로 아이를 더 위축시키는 악순환을 낳습니다.

그렇다고 최 교수님이 말씀하신 것처럼 시험을 없애자는 주장을 하려는 것은 아닙니다. 우리의 현실에서 시험을 아예 안 보는 것은 불가능하다고 생각해요. 그렇다고 성적에 초연해지는 것도 쉽지 않죠. 그러나 공부가 곧 시험이라는 생각에서는 벗어날 필요가 있다고 생각합니다. 많은 학생이 공부하는 이유는 곧 성적을 잘 받기 위해서라고 생각하는 경향이 강한데, 그것은 옳지 않은 생각입니다. 성적에 민감하게 반응하는 학생들은 성적이 조금이라도 떨어지면 자신의 공부법이 잘못됐다고 여겨 공부법을 바꾸거나 자신의 노력을 부정하곤 하는데, 이는 좋지 않는 결과를 낳을 뿐입니다.

『초3보다 중요한 학년은 없습니다』의 저자 이상학 초등학교 교사는 초등학교 교실의 풍경이 부모님들이 생각하는 것보다 훨씬 더 비관적이라고 얘기합니다. 초등학생임에도 불구하고 3분의 1만 공부하고 3분의 2는 집중하지 못한답니다. 딴짓을 하거나 낙서하는 아이들이 공부하는 아이들보다 훨씬 더 많다고 해요. 요즘에는 수학 단원평가에서 조금만 성적이 낮아도 스스로 '수포자'라고 생각하는 아이들이 많을 만큼 심각한 수준이라고 강조했습니다. 초등학생 때부터 스스로 틀을 만들면 어떻게 더 나아갈 수 있을까요.

아이들이 성적에 민감해지지 않도록 해야 합니다. 무엇보다 부모님이 시험에 연연하지 않아야 합니다. 입시는 생각보다 장기전이에요. 이런 장기 레이스에서 아이들이 나아가기 위해서는 성적에 초연해져야 합니다. 아이가 평소에 공부를 열심히 했다면 그것으로 인정해주고 결과가 아닌 과정에 집중해야 합니다.

직접적으로 성적에 연관되지 않는 공부라 해도 쓸모없다고 반응하면 안 됩니다. 제가 만난 영재, 수재들은 자신의 관심사에 대해 공부를 하다가 전체적인 학습에 관심을 갖게 된 경우가 대부분입니다. 공부를 하다 보면 학문은 서로 만나고 통하기 마련이니까요. 그런데 부모가 "그런 공부를 왜 하니?", "그런 책은 왜 보니?", "그거 해서 먹고살 수 있겠니?" 하고 부정적인 태도를 보이는 순간, 아이는 자신감을 잃고 비관하게 됩니다.

부모가 아니라 아이가 선택하는 공부를 해야 합니다. 그래야 좀 더 책임감을 가지고 더 열심히 공부할 수 있습니다. 저는 이런 선택은 어려서부터 습관적으로 해야 한다고 생각합니다. 예를 들어, 학교에서 하는 방과후 프로그램을 아이가 선택하게 하거나 학원을 고를 때 아이의 의사를 반영하는 것이죠.

과거와 달리 요즘은 아이들이 직접 선택해서 수업을 듣는 과목이 많습니다. 탐구 과목이 대표적이죠. 고등학교 1학년 때는 통합과학, 통합사회를 듣고, 2학년 때는 자신에게 맞는 탐구 과목을 선택해서 듣습니다. 그런데 이때 성적에 연연해서 자신이 좋아하는 과목이 아니라 상대적으로 높은 등급을 받기 쉬운 과목을 고르는 경향이 강합니다. 심지어 부모가 그렇게 지도하는 경우도 있죠. 물리 1타 강사인 배기범 강사는 부모가 찾아와 상대적으로 어려운 물리 과목이 아닌 쉬운 과목을 선택하도록 자녀를 설득해달라는 부탁을 자주 듣는다고 토로했어요. 그런데 아무리 쉽다고 알려진 과목이라고 할지라도 분명 어려운 단원이 있습니다. 점수를 쫓아서 자신의 성향을 무시하고 과목을 선택할 경우, 어려운 단원을 만나면 무너질 수밖에 없습니다.

2025학년도에 도입되는 고교학점제는 진로에 따라 다양한 과목을 선택, 이수하고 누적 학점이 기준에 도달할 경우 졸업을 인정받는 제도입니다. 즉, 자신의 관심사를 바탕으로 수업을 직접 선택하는 것이죠. 앞으로 이러한 방식은 더욱 늘어날 수밖에 없습니다. 지금도 진로 선택 과목, 일반 선택 과목으로 선택 과목이 많아졌지만, 앞으로 교육 과정에서는 '선택 과목'이 핵심 키워드가 될 만큼 늘어날 거예요.

혹자는 이렇게 비판할 수도 있습니다. 우리나라 현실에서 어떻게 시험 점수에 초연할 수 있느냐고요. 시험 점수를 중요하게 생각하지 말라는 의미가 아닙니다. 시험 점수가 곧 공부의 모든 것이라고 생각하지 말라는 의미죠. 지금의 시험 방식이 공부에 대한 관심이나 실력을 정확하게 측정하지 않을 수도 있기 때문이죠. 여러분의 자녀도 수포자가 아닐 수 있습니다. 지금의 시험 방식이 싫다고 공부 전체를 부정적으로 생각하지는 않기 바랍니다.

공부와 마음의 상관관계

노규식(두뇌교육 전문가)

공부에 대한 부정적 감정과
학습 결과

코로나 이후 교육계에서 가장 많이 회자되는 용어는 '학습 격차', '학습 결손'입니다. 코로나 이후 성적이 떨어진 학생들이 많아졌다는 통계도 속속 나오고 있죠. 특히 중위권이 사라지고 하위권이 많아졌다는 사실도 확인되고 있어요. 구체적으로 지난해 국가 수준 학업 성취도 평가에서 고등학생 기초학력 미달 비율이 역대 가장 높은 것으로 나타났는데, 코로나로 생긴 학습 결손이 학력 저하로 이어진 것이죠.

그렇다면 왜 코로나 때문에 학생들의 성적이 떨어졌을까요. 우선 정상적으로 학교에 등교하지 않고 원격수업으로 대체되다 보니 새로운 환경에 적응하기 어려웠던 탓이 큽니다. 원격수업과 대면수업은 차이가 있는 것도 분명한 사실입니다. 하지만 그보다 더 근본적인 원인으로, 집에서 오랜 시간 부모와 함께 지내면서 생긴 부정적인 상호작용에 따른 결과가 아닐까 합니다.

코로나 이후 일상이 무너졌다고들 말합니다. 아침에 일어나 학교에 가던 일상이 없어지니 부모는 아이들의 습관을 바로잡아주기 위해 아침부터 몸과 마음이 분주했습니다. 그리고 아이가 마음처럼 따라주지 않으면 화를 내며 감정을 소모했지요. 아이가 원격수업을 듣기 위해 책상에 앉을 때까지 "일어나"로 시작해 "씻어", "밥 먹어", "똑바로 앉아"를 속사포처럼 내뱉는 일상에서 아이들과 갈등을 겪는 가정이 정말 많았습니다. 원격수업을 하는 기간이 생각보다 길어지자 "누워 있는 아이 꼴 보기 싫으니 제발 학교에만 가면 좋겠다"고 호소하는 부모들도 정말 많았습니다.

그렇다면 아이 입장은 어떨까요. 바뀐 환경이 자신의 잘못으로 인한 것이 아니고 가뜩이나 적응하기 어려운데 엄마는 아침부터 잔소리를 쏟아부으니 절대 기분이 좋을 리 없습니다. 기분이 안 좋은 채 하루를 시작하는 것도 힘든데 '빨리' 하라고 옆에서 부모가 채찍질까지 해서 불편한 마음이 요동을 치죠. 즉, 부정적인 감정을 잔뜩 마음에 품은 채 공부를 시작했던 것입니다.

우리의 학창 시절을 떠올려보세요. 부모님께 안 좋은 소리를 들은 날, 학교에 가서도 부모님의 말씀이 머릿속에서 떠나지 않아 하루 종일 수업에 집중하지 못했던 경험이 누구나 있을 겁니다. 집에 가서 부모님께 또 혼날 생각을 하면 내내 걱정스러운 마음이 들었죠.

「영재발굴단」 전문가 패널로 유명한 두뇌교육 전문가 노규식 박사님은 "공부는 감정이다"라고 단언합니다. 클리닉을 운영하면서 수없이 많은 학생들과 학부모를 상담하며 얻은 결론이라고 강조하셨습니다. 공부에 대한 감정이 안 좋거나 부정적인 감정을 지닌 상태에서는 절대 좋은 학습 결과가 나타날 수 없다는 것입니다. 학생들을 만나며 상담한 결과, 아이들이 공부를 싫어하게 된 수많은 이유 중 1순위는 부모와의 불편해진 관계로 인한 '자신감 상실'이었답니다.

어린아이들일수록 성적에 관심이 없는 경우가 많습니다. 그 시기는 틈만 나면 놀고 싶고 부모님에게 사랑과 인정을 받는 게 더 중요하지요. 그런데 많은 부모가 아이에 대한 사랑과 인정의 기준을 성적으로 삼습니다. 그러다 보니 좋은 성적을 못 받으면 조금씩 위축되다 결국 자신감이 떨어집니다. 극단적으로 이는 좌절감으로 나타나기도 해요. '나는 과제를 해결할 수 없어', '그래서 사랑받을 수 없을지도 몰라'라고 생각한다는 것이죠. 따라서 이 시기에 가장 중요한 것은 아이들이 '나는 엄마, 아빠에게 사랑을 받고 있다. 내가 어떤 상태든 부모님은 나를 사랑할 거야'라는 감정을 느끼게 하는 것이라고 합니다. 그 자신감은 학습으로 이어집니다.

공부가 싫고 재미없다는 이유만으로
공부를 못하는 것일까

노 박사님은 초등학교 때는 부모가 아이 마음을 얻는 데 골몰해야 한다고 강조했습니다. 이 시기 부모의 욕심으로 공부만 강조할 경우 자칫 부정적인 감정이 쌓여 아이가 오히려 공부를 안 하거나 못하는 부정적인 결과를 낳을 수 있습니다. 그리고 초등학교 시기에 부모와 자녀가 긍정적인 감정을 교류해야 아이가 사춘기가 됐을 때 수월하게 공부를 시킬 수 있다고도 했습니다. 이를 노 박사님은 '끝을 보고 공부시켜라'라고 표현합니다. 공부를 시키는 부모의 마음속에 '공부를 마무리하는 엔딩 포인트'를 갖고 있으면 당면한 문제를 해결할 때 근시안적인 선택을 하지 않을 수 있습니다.

공부는 잘 될 때 가장 하고 싶은 법입니다. 성적이 좋은 아이들은 효율성이 높아질 때 책상 앞에 앉고 싶어 하며, 그러다가 불이 붙는 경우가 많습니다. 공부를 포기한 아이들이 공부할 수 있는 방법이 있을지 문자 두 단계로 접근해야 한다고 답했습니다. 공부를 잘할 수 있는 방법을 알려주는 것이 1단계이고, 공부에 대한 감정을 부정적인 것에서 긍정적인 것으로 전환하도록 도와주는 것이 2단계입니다.

몇 년 전 「하버드 비즈니스 리뷰」에서 참고가 될 만한 연구가 실렸습니다. 미국 직장인을 대상으로 '언제 가장 일을 하고 싶나요?'라는 질문을 던졌는데 성과급이 보장됐을 때보다 '일이 잘 될 때'라는 대답이 훨씬 많았습니다. 잘할 수 있다는 느낌이 들 때 몰입하는 욕구가 더 커지는 것이죠. 이런 효능감이 점점 쌓이면 자신감으로 나타납니다.

이외에도 감정은 아이의 학습에 결정적인 역할을 합니다. 부모는 아이들이 공부하기 싫어서 공부를 못하는 거라고 생각하는 경향이 짙습니다. 그런데 공부가 재미없어서 하지 않는 경우도 있지만, 기분이 상해서 공부와 멀어지는 경우가 훨씬 많습니다. 이 둘은 큰 차이가 있어요. 공부가 재미없다는 것은 '공부를 잘할 수 있는 방법의 부재'가 원인인 반면, 기분이 상해서 공부와 멀어지는 것은 '감정 관리에 어려움을 겪는 것'이 주요 원인이기 때문이죠. 결국 '학습 솔루션이냐 감정 조절이냐'의 문제인데 아이들의 감정이 상하는 이유가 꼭 공부가 어렵기 때문만은 아닙니다. 다양한 이유가 존재하는 만큼 부모가 아이들을 잘 관찰하는 것이 필요합니다.

어떤 경우에도 흔들리지 않는
마음 자세의 중요성

많은 초등학생, 중고등학생들이 감정의 기복이나 스트레스 때문에 공부를 하는 데 어려움을 겪습니다. 미국에서는 5명 중 1명은 감정 기복 때문에 학교 생활, 친구 관계, 그리고 공부에서 심각한 어려움을 겪는 것으로 나타났습니다. 만일 아이가 주의력이 약하거나 학습하는 데 장애가

271

있다면 더 안 좋은 영향을 받을 수 있어요.

중고등학교에 가면 학업과 담쌓고 지내는 아이들이 있어요. 감정을 조절하는 힘이 없어지거나 안정적으로 정서 관리를 하는 데 필요한 도움을 받지 못해서 생겨난 결과입니다. 문제는 아예 공부를 놓은 아이들은 겉으로 보기에도 티가 나서 손을 써줘야겠다는 문제의식이 드는 반면, 공부하는 척만 하는 아이들은 부모가 전혀 알아차리지 못한다는 것입니다.

이에 노 박사님은 코로나 등으로 인해 아이가 집에서 공부할 시간이 많아질 때, 부모가 이를 잘 활용해야 한다고 강조합니다. 아이들의 감정이 어떤지 옆에서 관찰할 기회로 삼으라는 얘기입니다. 아이의 학습 상태, 감정 상태를 살펴봐야 합니다. 단, 이때 지적하며 부모에 대한 감정을 불편하게 가져가면 안 됩니다. 많은 부모들이 아이들이 공부하는 모습을 오래 지켜보지 못하고 지적하곤 합니다. "똑바로 앉아", "연필 똑바로 잡아" 이렇게 말이죠. 지적하는 것을 잠시 멈추고 아이를 자세히 관찰해야 합니다.

아이가 산만하다고 걱정하는 부모가 많습니다. 그런데 집중력 전문가들은 아이가 산만하고 집중하지 못하는 데 주목하는 것은 빙산의 일각만 보는 것이라고 합니다. 그런 모습을 보이는 원인은 정말 여러 가지예요. 컨디션이 안 좋아서 그런지, 감정적으로 우울하거나 불안해서 그런지 정확히 파악해야 합니다.

당장 책상 앞에 앉히는 것은 그리 중요한 일이 아니라는 것을 명심해야 합니다. 그건 언제든지 할 수 있으니까요. 그것보다 아이가 '할 수 있으며' 그것도 '잘할 수 있다'는 감정을 느끼게 하는 것이 우선입니다.

코로나가 어느 정도 진정되면서 서서히 일상을 찾아가고 있습니다. 하지만 이런 비상 상황은 앞으로 언제든 다시 찾아올 수 있습니다. 막상 닥쳐서 당황하기보다는 평소에도 이런 상황에 대비하는 마음자세가 필요합니다. 그리고 어떤 경우에도 흔들리지 않는 감정이 부모와 자녀 모두에게 있어야 함을 잊지 말아야 합니다.

교육대기자
TV

초등 학습 격차,
이렇게 대비하자   w.이상학(해피이선생)

interviewee 이상학(해피이선생)

초등 교사이자 『초3보다 중요한 학년은 없습니다』의 저자. 유튜브 '해피
이선생'을 운영하고 있다.

Q 공부를 못하는 아이와 잘하는 아이는 어떻게 다른지 궁금하다.

부모가 아이를 객관적으로 파악하는 게 중요하다. 초등학교에는 공식
시험이 없다. '에듀넷' 사이트에 들어가 자율평가를 해보는 것을 추천한
다. 국어, 영어, 수학, 과학, 사회 같은 주지 교과를 학년별로 문항 수, 난
이도를 조절해 평가할 수 있다.

　3분의 1 정도 되는 공부 잘하는 아이들에게는 네 가지 특징이 있다.
첫째, 과제 집착력이 뛰어나다. 심화 문제도 혼자 고민해서 풀어낸다. 그

만큼 몰입을 잘한다. 그다음은 끈기다. 시대가 바뀌어도 공부는 엉덩이의 힘이다. 셋째, 계획을 세워서 공부한다. 마지막으로 구체적인 목표나 꿈이 있다.

Q 학습 격차가 가장 두드러지는 학년은 언제인지, 아이가 학업을 잘 따라가고 있는지 확인할 수 있는 방법이 궁금하다.

초등학교 3학년이 되면 과목 수, 수업 시간, 글의 길이, 부모의 관심도, 이 네 가지가 크게 바뀐다. 특히 영어를 정규 교과로 처음 배우는데, 선행 학습이 된 아이들과 그렇지 않은 아이들 사이의 격차가 두드러지게 나타난다. 또 부모가 방심하기 쉬운데, 학년이 올라가면서 큰 문제가 없겠거니 생각하고 관심도가 줄어든다.

구체적으로 국어는 아이가 제시문을 잘 파악하고 있는지 체크해야 한다. 아이가 교과서에 나온 대로 활동하고 기록한 내용을 되물어보면 좋다. 수학은 교과서에 정리된 중요 핵심 개념을 가지고 자기만의 정리 노트를 만드는 게 좋다. 중요하다고 생각되는 특정 영역에 집중하기보다는 아이가 부족한 수준에 맞춰 교육하는 것이 중요하다. 또 학원에 보내는 것으로 끝내는 게 아니라 학원 선생님과 소통해야 한다. 학원 선생님은 아이를 공부시키고 제재하는 데 현실적인 한계가 있기 때문이다.

초등 3학년 이후 또 한 번 격차가 벌어지는 시기는 5학년 때다. 이때가 되면 무엇보다 사춘기가 심화된다. 초등학교 3, 4학년 때부터 아이와 대화하고 공부 습관을 잡아나가는 것이 중요하다. 그렇게 하지 않고 6학년, 중학생이 되면 그때는 이미 늦다.

Point	학교나 학원이 아니라 부모가 주도적으로 아이의 상태를 확인해야 한다.

공부 안 하는 자녀,
이렇게 해야 달라진다   w.이병훈

---

interviewee 이병훈

「공부가머니」외 다수의 방송 출연,『성적이 오르는 학생들의 1 % 공부
비밀』외 다수의 도서를 집필했다. 학습법 및 자기주도학습 전문가로 활
동하고 있다.

Q 아이가 나름대로 계획을 세우지만 부모 입장에선 못 믿는 경우가 많다. 아
이가 진짜 공부를 열심히 했는지 확인할 수 있는 좋은 방법이 없을까?

부모가 먼저 모범을 보여야 한다. 부모가 계획적으로 사는 모습을 습관
화하고 이를 보여주면 그 모습이 아이에게 롤모델이 된다. '직관화'되어
야 하는 것일수록 롤모델을 '카피'하면서 따라가는 게 가장 효과적이다.
   아이가 공부 계획표를 짜놓은 대로 실제로 실행에 옮겼는지 제대로

확인하는 방법은 그날 하루 동안 공부한 내용을 '출력'해보는 것이다. 가령 왼쪽의 계획표 내용대로 실제로 실행에 옮긴 내용을 오른쪽 페이지에 꺼내서 출력하는 식이다. 출력 과정을 많이 해볼수록 입력 과정이 제대로 됐는지 알 수 있다. 공부는 부모-자녀 관계에서 시작한다. 아이가 스스로 하지 않고 부모에 의해 이루어진다면 반발심을 갖기 쉽다. 집에서 아이와 함께 보내는 시간에 아이가 공부 이외에 몰두하는 것을 같이 해보는 것도 부모-자녀 관계에 도움이 된다.

Q **아이의 학습 관리를 어떻게 도와주면 좋을까? 부모들과의 상담에서 부모들이 특별히 고민하는 부분이 있다면?**

가장 먼저 심리 파악이 우선돼야 한다. 아이의 심리 성향이 어떤지, 기질은 어떤지, 무엇으로 동기 부여가 되고, 어떻게 말했을 때 수용성이 좋은지 등을 알아야 한다.

아이마다 집중하는 방식이 다르고 관심 분야도 다르기 때문에, 그게 뭔지 알아보고 공부 계획을 세워야 한다. 원인을 파악하고 개별적인 해결책을 제시해야지, 막연히 집중력이 약하니까 집중력 훈련을 강압적으로 한다고 해서 모든 아이들에게 통하는 것은 아니다.

Q 아이가 좋은 공부 방법을 모른다고 생각해 부모가 공부 방법을 추천해주는 경우도 많다. 이 경우 어떤 조언을 해줄 수 있을까?

부모들이 자녀교육에서 흔히 하는 실수가 객관적으로 분석하고 전략적으로 대처하는 것이 아니라 자기의 감대로 행동하는 것이다. 전략 없이 부모의 감으로 아이에게 공부법을 강요하는 것은 위험한 방법이다. 공부법 관련 책, 유튜브 영상들을 보면 다양한 공부법이 존재한다. 뭐가 정답인지 혼란스러워하는 부모들이 많은데 정답은 없다. 여러 가지 방법들을 취합하고 그중 몇 가지를 선택해 적용해보고 아이 스스로 자기에게 뭐가 맞는지 '자기 체험'을 해봐야 한다. 부모가 몇 가지 추천해줄 수는 있지만 결국 그 방법을 선택하는 것은 아이의 몫이다.

부모가 원하는 자녀상은 스스로 공부하는 모습일 것이다. 그러기 위해서는 부모가 상식에 기반해서 아이를 다 안다고 접근하는 게 아니라 아이의 성격 유형이 어떤지, 무엇에 의해서 동기 부여가 되는지 관찰하고 분석적으로 접근해야 한다.

Q 베스트 사례를 알면 도움이 될 것 같다. 소장님의 저서에서 마인드, 태도, 기술 세 가지 측면에서 공부 잘하는 아이들을 분석하셨는데, 어떻게 다른지 궁금하다.

마인드는 수용성을 말한다. 풀이자의 의도가 아니라 출제자의 의도를 파악하는 것이 중요하다. 또 수용성이 좋으면 공부뿐 아니라 매너도 좋고, 인사도 잘하고, 여러 장점이 있다. 태도는 능동성을 말한다. 부모가 시켜서 억지로 하는 것이 아니라 아이 스스로 하고 싶어서 하는, 자기 주도성이 중요하다. 기술은 수학 문제를 어떻게 풀고 영어 단어를 어떻게 외우고 하는 특정한 테크닉이 아니다. 동기와 열정을 기반으로 공부하는 것이 중요하다. 열정을 가지고 움직이기 때문에 주어진 시간 동안 최대한 여러 공부법을 시도해보게 된다.

Point 정답은 맞춤형 솔루션. 자녀의 성향을 알고, 부모의 자기객관화가 선행돼야 한다.

에필로그

멋진 어른으로 성장할
아이의 잠재력을 믿어주세요

"교수님, 요즘 부모들에게 꼭 들려주고 싶은 메시지가 있으신가요?"

"저는 남매를 뒀어요. 첫째는 육아책대로 키운 것 같아요.
육아책에 나온 지침을 그대로 따르면서요. 예를 들어, 상온에 30분
이상 둔 분유는 무조건 버렸죠. 상했을 수도 있으니까요.
그렇게 우려되는 일은 안 하고 좋은 행동만 골라서 했습니다.
그런데 둘째는 그냥 키웠어요. 바쁘기도 하고 마음도 느슨해져서
일일이 신경 쓰지 않았죠. 그런데 돌아보니 아무 일도
일어나지 않았어요. 아이한테 해가 되는 일은 웬만해서는
일어나지 않아요. 현실화되지 않습니다. 부모가 잘못해서
아이한테 나쁜 일이 생길 가능성은 아주 낮아요.

반대로 노력을 많이 해도 아이의 삶을 바꿀 수 있는 정도도
아주 낮습니다. 이렇게 하건 저렇게 하건 큰 차이가 없다는
얘기죠."

'부모 멘토'로 유명한 아주대병원 정신건강의학과 조선미 교수님을
인터뷰하면서 교육 전문 기자로 일하는 17년 동안 만난 부모들이 떠올
랐습니다. 아이한테 무슨 일이 벌어지지는 않을까 전전긍긍했지요. 무
엇을 더 해줘야 할지 걱정에 사로잡힌 경우도 많았습니다. 시간이 흐를
수록 점점 더 많은 부모가 아이에게 뭔가를 해줘야 한다는 강박관념에
시달리는 것 같았어요. 마치 누가 아이한테 더 많이 잘 해주는지 시험을
치르는 참가자처럼 말이죠.

많은 부모에게 살면서 가장 잘한 일이 무엇인지 물어보면 아이를 낳
은 것이라고 대답합니다. 가장 힘든 일은 무엇이냐고 물어보면 아이를
키우는 일이라고 답합니다. 아이를 낳은 축복이 얼마 지나지 않아 가장
힘든 과제로 변하는 이유는 뭘까요.

물론 사회에서 갈수록 경쟁이 심해지고 소득 수준이 높아지다 보니
내 아이가 남들보다 뒤처지지 않게 하고 싶고, 적어도 내가 누리는 것만
큼은 우리 아이들에게도 누리게 하고 싶은 마음에 일찍부터 이것저것 챙
기는 마음은 충분히 이해합니다. 그런데 뭔가를 많이 해주려는 마음이 앞
서면 그렇게 하지 못했을 때 불편한 감정이 들 수도 있어요. 바빠서 또는
다른 이유로 남들처럼 못 해주는데 어떻게 하지? 이런 걱정 말이죠.

학창 시절에 시험 봤을 때를 떠올려보세요. 시험을 앞두고 부담을 느끼면 어떻게 될까요? 평소 기량을 제대로 발휘할 수 없을뿐더러 공부하는 과정 자체를 즐길 수도 없죠. 자녀교육도 마찬가지입니다. 아이를 대할 때 걱정이 앞서면 아이를 키우는 과정 자체의 행복을 느끼기 어렵고, 어느 순간 부담으로 전락하고 맙니다.

왜 우리는 아이를 위해 노력하면서도 뭔가를 더 해줘야 한다는 강박에 시달리는 걸까요. 아마도 우리를 위해 희생하신 부모님의 영향이 아닐까 합니다. 늘 시간에 쫓겨 바쁘게 움직이시던 부모님을 보고 자란 탓에 우리도 아이에게 그처럼 해줘야 한다는 생각이 자리 잡은 것은 아닐까요.

저 역시 저희 부모님을 떠올리면 엉덩이 붙일 새도 없이 분주히 움직이시던 모습이 떠오릅니다. 그래서 저도 부모가 되고 나서 저희 부모님처럼 바쁘게 움직이고 자기 시간 없이 희생해야 한다고 생각했습니다. 그리고 그렇게 하지 못했을 때 부족한 부모가 아닌지 자책하고 걱정하곤 했죠.

그런데 잘 떠올려보세요. 부모님이 바빴던 이유는 지금처럼 자식들에게 뭔가를 더 많이 해주기 위해서가 아니라 집안일이나 돈을 벌기 위한 사회·경제적 활동 때문이었어요. 먹고살기가 퍽퍽한 때였을 뿐만 아니라, 집안일 또한 가전제품이 아닌 노동력이 많이 필요했을 때였죠. 그것을 우리 세대도 되풀이해야 한다는 부담에서 벗어날 필요가 있습니다. 설거지를 식기세척기가 대신 해줘서 얻게 된 여유를 아이를 위해 뭔가 해주는 시간으로 써야 한다고 생각하지 마세요. 아이를 위해 희생하고 노동하며, 그렇게 하지 않으면 부족한 부모인 건 아닐까 고민하면서 아이 주변을 맴돌며 스스로를 옥죄지 않기를 바랍니다. 과학기술의 발전으로 생긴 여유는 그 자체로 즐기고, 오히려 그 시간에 지금 세대에 맞는 부모관은 무엇인지 생각해보면 좋겠습니다.

이전과 비교해 요즘 아이들은 부모의 사랑과 좋은 교육을 충분히 받고 있습니다. 뉴스에 나오는 극단적인 사례를 제외하고 우리 주변의 평범한 가정을 생각해보세요. 자기 몫을 하면서 잘 자라는 아이와 이를 응원하는 부모가 보일 겁니다.

그런데 이것을 부모가 잘 인지하지 못하고 걱정이나 고정관념에 사로잡혀 자녀에게 과하게 대하면 아이들은 스스로의 인생을 살아갈 준비를 하기가 어렵습니다. 결과적으로 아이를 나약하게 만들죠. 부모의 가장 중요한 역할은 자녀의 자립을 도와주는 것임을 명심해야 합니다. 걱정만 덜어내도 아이들은 충분히 자신의 길을 잘 찾아갈 수 있어요.

제가 운영하는 「교육대기자TV」에 남겨진 수많은 댓글 중 가장 많은 키워드는 바로 '걱정'입니다. '우리 아이가 이래서 걱정입니다.' '이렇게 하지 않는데, 어떻게 해야 할까요? 정말 걱정입니다.' 이런 글들을 보면서 요즘 부모들에게 깊숙이 박혀 있는 걱정이라는 감정을 자세히 살펴보고 제대로 알려드리고 싶었습니다.

아무리 부모라 해도 아이의 인생까지 책임질 수는 없습니다. 친구를 대신 사귈 수도, 공부를 대신 할 수도, 돈을 대신 벌어줄 수도 없어요. 결국 아이의 인생은 아이에게 달려 있는 것이죠. 이건 예나 지금이나 변하지 않는 불변의 법칙입니다. 엄마가 걱정한다고 아이의 인생이 달라지지 않는다는 것을 말씀드리고 싶었습니다.

아이들의 잠재력은 무한합니다. 아이가 충분한 능력을 갖추고 태어났다는 것을 명심하면 좋겠습니다. 우리는 아이들이 자신의 잠재력을 키울 수 있도록 돕기만 하면 됩니다. 지금부터는 과거에 우리 아이들에게 못해줬던 일이나 공부에 대한 걱정을 좀 잊고 멋진 어른으로 성장할 아이들의 미래만 떠올리세요.

부모의 시간을 아이에 대한 걱정으로만 보내지 마시기를 바랍니다. 그러기에는 아이와 함께하는 시간이 무한하지 않으니까요. 그리고 걱정하지 않아도 여러분은 충분히 멋진 부모이고, 여러분의 아이는 충분히 멋진 자녀일 것입니다. 걱정하지 않는 부모를 응원합니다. 여러분 모두 걱정하는 않는 부모가 될 수 있습니다!

부모의 가장 중요한 역할은

자녀의 자립을 도와주는 것임을 명심해야 합니다.

걱정만 덜어내도

아이들은 충분히 자신의 길을 잘 찾아갈 수 있어요.

양육, 학습, 입시를 꿰뚫는
자녀교육 절대공식

초판 1쇄 발행 2023년 1월 9일
초판 4쇄 발행 2023년 2월 22일

지은이 방종임
펴낸이 이승현

출판1 본부장 한수미
라이프 팀장 최유연
편집 김소현
디자인 김태수

펴낸곳 ㈜위즈덤하우스   **출판등록** 2000년 5월 23일 제13-1071호
주소 서울특별시 마포구 양화로 19 합정오피스빌딩 17층
전화 02) 2179-5600   **홈페이지** www.wisdomhouse.co.kr

ⓒ 방종임, 2023

ISBN 979-11-6812-564-3 13590